西南师范大学出版社

全国百佳图书出版单位

UI INTERFACE
ICON DESIGN
UI界面图标设计

新世纪版/设计家丛书

刘扬 谢丽娟 编著

国家一级出版社
全国百佳图书出版单位

西南师范大学出版社
XINAN SHIFAN DAXUE CHUBANSHE

序

■ 李巍

21世纪是一个新的世纪，随着全球一体化及信息化、学习化社会的到来，人类已经清醒地认识到21世纪是"教育的世纪""学习的世纪"，孩子和成人将成为终身教育、终身学习的主人翁。

21世纪是世界范围内教育大发展的世纪，也是教育理念发生急剧转变和变革的时代，教育的发展呈现出许多历史上任何时期都从未有过的新特点。

21世纪的三个显著特点，用三个词表示就是：速度、变化、危机。与之相对的应该就是：学习、改变、创业。

面对新世纪的挑战，联合国教科文组织下的"21世纪教育委员会"在《学习：内在的财富》报告中指出，21世纪是知识经济时代，在知识经济时代人人应该建立终身学习的计划，每个人应该从四方面建立知识结构：

1.学会学习；2.学会做事；3.学会做人；4.学会共处。

21世纪是一个社会经济、科技和文化迅猛发展的新世纪，经济全球化和世界一体化已成为社会发展的进程，其基本特征是科技、资讯、竞争与全球化，是一个科技挂帅、资讯优先的时代，是人类社会竞争更趋激烈而前景又更令人神往的世纪。

设计是整个人类物质文明和精神文明的结晶，是一个国家科学和文化发展的重要标志，它不仅创造着今天，也规划着明天。

设计作为一种生产力，对推进一个国家或地区的经济发展有着重要的推动作用。正因为如此，设计也越来越受到世界各国的高度重视，成为社会进步与革新的一个重要组成部分，成为投资的重点。设计教育成为许多经济发达国家的基本国策，受到高度的重视。

设计教育是一项面向未来的事业，正面临着世纪转换带来的严峻挑战。

21世纪的艺术设计教育应该有新的培养目标、新的知识结构、新的教育方法、新的教育手段，以培养适应未来设计需求的新型人才。教师不应该是灌输知识、传授技能的教书匠，而应该是培养学生自我完善、自我教育能力的灵魂工程师。

知识经济中人力资源、人才素质是关键因素，因为人才是创造、传播、应用知识的源泉和载体，没有才能，没有知识的人是不可能有所作为的。可以说，谁拥有知识的优势，谁将拥有财富和资源。

未来的社会将是一个变化周期更短的，以信息流动、人才流动、资源流动为特征的更快的社会，它要求我们培养的人才具有更强的主动性与创造性。具有很好的可持续发展的素质，有创造性的品质和能力，已成对设计教育的挑战和新世纪设计人才培养的根本目标。

正是在这样的时代大背景中，在新的设计教育观念的激励下，"21世纪·设计家丛书"在20世纪90年代中期孕育而生，开始为中国的现代设计教育贡献自己的一份力量，受到了社会各界的重视与认同，成为受人瞩目的著名的设计丛书与设计品牌教材。

历经13个年头，随着时代的进步与观念的变化，丛书为更好适应设计教育的需求而不断调整修订，并于2005年进行了全面的改版，更名为"新世纪版/设计家丛书"。

"新世纪版/设计家丛书"图书品牌鲜明的特色体现在以下几个方面：

1.系统性、完整性：丛书整体架构设计合理，从现代设计教学实践出发，有良好的系统性、完整性，选择前后连贯循序渐进的知识板块，构建科学合理的学科知识体系。

2.前瞻性、引导性：与时代发展同步，适应全球设计观念意识与设计教学模式的新变化。吸纳具有时代前瞻性、引导性的新观念、新思维、新视角、新技法、新作品，为读者提供一个思考的线索，展示一个新的思维空间。

3. 应用性、适教性：适应新的教学需求，具有更良好的实用性与操作性，在观念意识、编写体例、内容选取、学习方法等方面强化了适教性，为学生留下必要的思维空间，能有效地引导学生主动地学习。

4. 示范性、启迪性：丛书中的随文附图是丛书的整体不可分割的一部分，也是时代观念变化的形象载体，选择最新的更具时代特色与设计思潮变化的经典图例来佐证书中的观点，具有良好的示范性与启迪性。

5. 可视性、精致性：丛书经过精心设计与精美印制，版式新颖别致，极具时代感，有良好的视觉审美效果。尤其是丛书附图作品的印刷更精致细腻、形象清晰，从而使丛书在整体上有良好的视觉效果，并在开本装帧上也有所变化，使丛书面目更具风采。

这次丛书全面修订整合工作，除根据我国高校设计教学的实际需要对丛书的品种进行了整合完善外，重点是对每本书的内容进行了调整与更新，增补了具有当今设计文化内涵的新观念、新思维、新理论、新表现、新案例，强化了丛书的"适教性"，使培养的设计人才能更好地面向现代化、面向世界、面向未来，从而使丛书具有更好的前瞻性、引导性，鲜明的针对性和时代性。

丛书约请的撰写人是国内多所高校身处设计教学第一线的具有高级职称的教师，有丰富的教学经验、长期的学术积累、严谨的治学精神。丛书的编审委员会委员都是国内有威望的资深教育家和设计教育家，对丛书的质量起到了很好的保证作用。

力求融科学性、理论性、前瞻性、知识性、实用性于一体，是丛书编写的指导思想。观点明确，深入浅出，图文结合，可读性、可操作性强，是理想的设计教材与自学丛书。

本丛书是为我国高等院校设计专业的学生和在职的年轻设计师编写的，他们将是新世纪中国艺术设计领域的主力军，是中国设计界的未来与希望。

新版丛书仍然奉献给新世纪的年轻设计师和未来的设计师们！

目录

Contents

随着我国经济的高速发展，新能源与电子科技产品材料的开发应用不断扩大，使如今的信息传播方式具有了社会的广泛性与文化的消费性，形成了一个全民参与信息交互传播的社会面貌。全球化的"比特"互动技术与视觉设计，既使信息传播方式由单一的电脑屏幕，扩展到手机、掌上机、大型电子显示屏，以及家用电器和游戏电子产品等各个层面，同时也使社会关系媒介化，生产方式艺术化，文化形态感性化，知识技能交集化，从而使社会步入了一个由形象服务与消费形象同构的文化消费与生产的时代。这一切深刻地改变着社会的方方面面，也影响着视觉媒介相关联的，与科技相互协作的信息传达设计的形式和方法。

我们亲历到，在现代设计的社会应用中，以普及文化教育知识可视化设计，实施公共信息传播为目标的网络电子教育产品，如教育电视节目设计、公共设施的信息传达设计、数字化书籍包装的设计项目应运而生；而以应用科技信息产品开发为主导，实施服务、体验的实用数码产品设计，如手机、XBOX游戏机以及APP、UI界面设计的创新形式层出不穷，并由此形成了从平面到立体，从信息交互功能构建到视觉信息图标的"寓教于乐"的设计理念。其中，信息图标是应用最广泛、最基本的设计元素，它深刻地反映了当代信息传播的创新观念和技能特征。

本书介绍的UI信息图标设计，是信息设计的一种类型，从广义上讲也就是信息传达的设计。信息设计，被新时代赋予了新的内涵和更广的职能。设计师除了要有高超的设计技巧与创新的审美意识外，还要全面、完整地了解、掌握当代信息视觉传达的特殊效应与传播技术流程，只有把艺术视觉设计与信息技术有机地结合起来，才能创造出精致美观的艺术化信息设计作品。因而信息设计已经成为高校设计教育中一门具有艺术性、综合性、多学科交叉的应用型课程，也是现代设计领域中，知识的综合性、媒介的更新性、设计的规范性在社会应用上最为广泛的设计形式。尽管在网络媒介高度发达的今天，信息传播的功能正由网络媒介所引领，由于信息设计具有交互的特征，其设计创新的内容就需要符合当前信息传播的视觉品质标准，这也就必然成了高校设计教育实践的重要课题。

培养未来设计师的任务，是提高信息视觉的品质，增强传达的力量。但科技的进步并不能直接提高信息视觉的品质。怎样使人更容易了解、如何令人更加舒适、怎样实现更为简洁的传达等问题，更是衡量设计师信息处理能力的尺度。因此，信息设计的目标也不仅仅是完成简单的图文信息传递，更是要给人的视觉以生理和心理上的感染和满足，以实现视觉沟通。要实现这样的目标，信息设计的媒介元素就必须表意清晰、形式协调，具有很强的可读性。这样受众才有可能充分认知和接收信息，才能够积极地对其做出回应，实现信息的交流互动。

　　作为高等艺术院校设计专业教材，本书主要内容是：UI概念与职业、UI界面信息视觉设计、信息图标、UI界面与信息图标、UI界面图标信息色彩和UI界面图标设计方法。本书知识的扩充，是随着信息科技的进步和社会经济的发展，尤其是正在新兴的数码产品所不断更新换代而调整的，因而编写了当今数码媒体多平台的UI界面图标设计和UI界面图标设计发展趋势考试的相关章节和内容。同时，本书以近三年的教学实践作为案例解说，使其内容在学理的观念与交互功能应用的针对性上，做了更加准确的定位和解析，强调了信息可视化知识与应用的实践要点及设计方法。见微知著，学以致用，使学习的目标更加主动地关注市场的发展，引导受众能够对设计对象做出预测和提高判断的能力。同时，由于信息设计的教学内容，是今天世界高新技术应用的研究产物——数码产品的创新形式，所以，及时更新信息设计的教学理念，继续深化这门课程的内容体系和探索行之有效的教学方法，适应时代发展之需，是非常必要的。

四川美术学院教授　刘 扬

一、什么是UI

互联网发展到今天，人们随时都在享受交互设计带来的数字化生活，媒体已经从电视、报刊、广播等传统媒体发展到网络数字化媒体。网络数字化媒体包容着各种艺术形式的存在，它打破了文化艺术的行业边界，也颠覆了传统媒介的信息传播方式，极大地丰富了参与者的热情和视听体验，使新媒体的艺术创作充满了新的可能并具有更加广阔的创意空间，此时，界面设计无疑成为新形势下人机良好交互沟通的重要环节。

1. UI的定义

UI是User Interface的缩写，即用户界面，也称人机界面，是指用户和某些系统进行交互方法的集合。这些系统不单单指电脑程序，还包括某种特定的机器、设备、复杂的工具等。

2. UI的作用

UI界面设计是对软件的人机交互、操作逻辑、界面美观的整体设计。好的UI界面设计不仅要让软件变得有个性、有品位，还要让软件的操作变得舒适、简单，并充分体现软件的定位和特点。在人机的互动过程中，有一个层面，即我们所说的界面。从心理学的意义来讲，界面可分为感觉（视觉、触觉、听觉等）和情感两个层次。UI界面设计是屏幕产品的重要组成部分，它是一个复杂的、有不同学科参与的工程，认知心理学、设计学、语言学等在此都扮演着重要的角色。

在飞速发展的电子产品中，UI界面设计工作一点点地被重视起来。做UI界面设计的人也随之被称为"UI设计师"或"UI工程师"。其实UI界面设计就像工业产品中的工业造型设计一样，是产品的重要卖点。一个电子产品拥有美观的界面会给人带来舒适的视觉享受，拉近人与产品的距离，这是建立在科学性之上的艺术设计。检验一个界面的标准，既不是某个项目开发组领导的意见，也不是项目成员投票的结果，而是终端用户的感受。

3. UI的界面

UI界面设计是多个组成部分（功能组件、图标符号、信息色彩等）的整体设计。不同组成部分之间的交互设计目标需要一致。例如，如果以电脑操作初级用户作为目标用户，就要以简化界面视觉逻辑的符号图标作为设计的首要目标，需要贯彻视觉界面构成形式和符号风格的整体性，而不是局部的视觉效果。因此，UI界面设计需要在产品功能的技术设计前期，实施概念图标的视觉设计，执

行产品策划所提出的信息视觉的转换。UI界面图标设计是UI界面设计的一部分。（图1-1）

二、UI界面设计

1.UI界面设计的类型

在互联网多媒体时代，人们每天都会通过各种媒介来了解自己所需要的信息，而这些信息如何吸引大众的注意力，除了内容是一个重要的因素外，形象也同样起着举足轻重的作用。UI界面设计是从产品立项开始，实行规范的设计流程，参与需求调研阶段、分析设计阶段、调研验证阶段、方案改进阶段、用户验证反馈阶段等环节，全面负责产品以用户体验为中心的设计方式。UI界面设计的目的是根据客户要求，不断提升产品可用性，明确和深化各设计环节的要求和内容，以保证每个环节的工作质量（注："不断"的意思是使设计成为动态过程）。界面的视觉设计赋予复杂的信息以个性化、艺术化的表达，是一个传递信息、增加注意力的过程。因此，界面的视觉设计对于吸引大众的注意力有着重要作用。为了抓住界面传播的本质，我们采用抽象而简化的方法，将纷繁复杂的信息传播归纳为界面传播的基本模式来研究，力求对界面中信息的流动进行直观描述，使界面传播的过程清晰地呈现出来。（图1-2）

网络对多媒体界面的支持，使其在视觉传达的手段上丰富多样。多媒体技术是将传统的、相互分离的各种信息传播形式有机地融合在一起，进行各种信息的处理、传输和显示。这样，视觉传达设计的表现手段和表现范围得到了大大的扩展，UI界面设计的类型也随之多种多样，可在移动或非移动的不同平台界面上进行。通过具体的数据显示，我们可以通过网上浏览量的统计、点击率的统计、访问者停留的时间、热点内容等可量化方式进行客观的评估，分析整理出数据，进而有针对性地不断调整传播策略及具体的设计方案。未来的信息视觉传达设计将是综合性的，涵盖人类全部感官的全方位设计。

2.UI界面设计的交互性

设计的交互性，不仅指视觉效果与功能技术的交互性，而且是设计方式和流程的制订，它包括以下四个方面。

（1）需求交互

UI界面图标，是产品构架与外观包装的重要组

图1-1 具有统一风格的UI界面设计

成，属于电子产品的设计范畴。设计目标离不开对3W（Who，Where，How）的信息传达的考虑，也就是使用者、使用环境、如何使用的需求分析。所以设计之前应明确这三点信息：什么人用（用户年龄、性别、爱好、收入、受教育程度等）；什么地方用（在办公室、家庭、厂房车间、公共场所等）；如何用（鼠标键盘、遥控器、触摸屏等）。

针对一个设计目标，以上任何一个元素的变化都会引起设计的相应变化。而标准在于设计需求是与同类竞争产品比较，更好的才有价值，如果仅从界面美学考虑好与不好，就没有客观的评价标准。准确地说，更合适于最终用户的设计为最好。

（2）设计交互

通过分析需求进入设计阶段。这是方案形成的设计阶段，要求设计几套不同风格的界面图标，然后用于备选与深度再设计。

（3）调研验证

初设方案的几套风格形式，必须保证在同等的设计制作水平上，不能被明显地看出差异，这样才能得到用户客观真实的反馈。测试阶段开始前，应该对测试的具体细节

进行清楚的文案分析、解释，并尽量减少专业描述，以让用户快速地了解和提供意见。

调研需要从四个问题出发：用户对各套方案的第一印象，用户对各套方案的综合印象，用户对各套方案的单独评价，选出最喜欢的与其次喜欢的。

对各方案的色彩、文字、图形等分别打分，总结出最受用户欢迎的方案的优缺点。最后将这些调研用图形的方式直观科学地表达出来。

（4）改进方案

经过用户调研，得到目标用户最喜欢的方案。了解用户为什么喜欢、还有什么遗憾等，这样才能进行下一步修改，从而使方案做到细致精美。

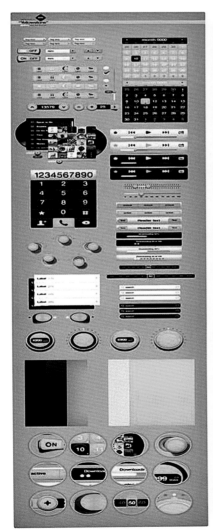

图1-2　应用特殊色彩对比强化图标功能和应用简化排序整合纷繁各异的图标形式，以及对图标形式进行分类设置，都属于UI界面设计的范畴

（5）用户验证

修正后的方案，才可以推向市场。但设计并没有结束，还需零距离地接触终端用户，了解用户感想和获取信息反馈，为升级积累经验。这说明，UI界面设计是一个科学的推导公式，既是设计师对艺术的理解感悟，也是表达公众愿望的设计过程。

设计在完成以上的交互后，才能形成一个完整的设计过程。

三、UI设计的职业

1.UI设计的职业内容

UI设计的职业可泛指目前社会应用的、从事多媒体信息可视化设计的相关职业。

（1）撰写UC文档

功能使用的具体描述（每个UC一般有图例简述、行为者、前置条件、后置条件、UI描述、流程/子流程/分支流程等），Visio（矢量图绘制软件）做的功能点业务流程，界面说明等。Demo（演示）方面，可能用Dreamweaver、Photoshop，或者画图板简单画一下，有时候也会有UI/UE的支持，出高保真的Demo，开发将来可以直接用的效果说明，当然，应用PPT是通常的说明工具。

（2）用户分析报告

搜集相关资料，分析目标用户的使用特征、情感、习惯、心理、需求等，提出用户研究报告和可用性设计建议。

（3）产品架构设计

涉及较多的界面交互与流程的设计，根据可用性分析制订交互方式、操作与跳转流程、结构、布局、信息和其他元素。

（4）产品原型设计

将页面模块、元素进行粗放式的排版和布局，深入一些交互性元素，使其更加具体、形象和生动。整个系统的流程设计需要UI设计师经常浏览大量的网站，亲身体验，积累经验，掌握具有亲和力的系统流程，设计考虑整个系统的任何一个最终环节。比如用户注册流程，成功注册后跳转去哪儿，注册失败后跳转去哪儿，成功注册后续有几个流程，每个流程包含哪些对象等。

（5）UI界面设计关键环节

UI界面设计中图标、色调、风格、界面、窗口、皮肤的视觉表现是本设计的关键环节。

（6）界面输出

页面设计师与前端程序员配合，将界面代码化。即UI设计师要懂得切图，做静态页，制作样式表以及种种特效的JS代码。

（7）分析使用者报告

报告内容包括可用性循环研究、用户体验、测试回馈等，同时提出可行性建议，这是完善调整多部门共同参与的工作。

（8）项目优化设计

项目优化设计包括项目设计初始应了解的项目市场定位、盈利模式、竞争对手等，参与用户调研，获取用户使用特征、年龄、需求、喜好等信息，通过分析其他用户界面，给出UI设计的初步图形概念，并在风格定位的把握上做出评估。再通过制订产品架构，确定应该做什么功能和突出什么功能。经过分析使用者报告、用户反馈等方面的信息，做出界面视觉形式的调整，避免仅凭设计师个人喜好设计产品。

2.UI设计师的能力

（1）沟通和文档撰写能力

如果说UI是人与机器交互的桥梁和纽带，那么UI设计师就是软件设计开发人员和最终用户交互的桥梁和纽带。UI设计师需具备很好的沟通和理解能力，需撰写出优秀的指导性原则和规范文案，只有这样才能体现对于开发人员和客户的双重价值，才能更好地完成本职工作。

（2）过硬的技术能力

清楚Java（即电脑在网络上应用程序的开发语言）是什么，能够实现什么。即使不会写代码，也起码要懂得如何去"视觉实现"。例如，要做一个Grid控件图标，首先应清楚控件到底有哪几种数据格式，以及其存储方式。既可以通过html的mark来获取数据，也可以通过json对象或array，又或是通过xml甚至于字符串来获得。其次，要知道在serve端实现和在client端实现，到底哪一个更适合当前的环境。不懂技术的UI设计师，既做不出合理的设计，也不可能和开发人员做到有效的沟通。简言之，UI设计师要精通主流的表现层开发技术（如果是做web表现层，一般需要了解html，css，javascript，xml技术，甚至jsp，java也要达到工作层），对于市面主流的设计模式、技术路线以及开源框架要有足够的了解。要尽可能朝着"信息表现层架构师"的方向努力。

（3）原型开发和图形设计能力

UI设计师的工作是图形和原型开发。原型法是迭代式开发中设计阶段的常用手段，原型开发贯穿需求、概念设计和详规设计三个阶段。开发原型的目的，是把设计转为用户可以看懂的"界面语言"，同时，也对开发人员起到一定的指导作用。用户界面原型更显示了价值体现，它可以帮助软件设计人员提早发现设计各个阶段的缺陷，在开发前解决这些潜在的问题，大幅降低软件开发的风险和成本，这与传统的瀑布式开发有着本质的区别。

目前，国内大多数公司采用的是瀑布式开发方式，即将UI设计放在开发阶段后期进行。这不仅使UI设计师只能做"美化工作"，还使开发的产品存在致命的设计缺陷。就图形设计能力而言，UI设计师只是一个泛称，在UI设计行业内部，可大致分为以下几种角色：可用性和交互设计师，视觉企划、用户体验研究人员，图形用户界面设计师等。图形设计能力是每一个UI设计师必须具备的最基础的能力，也是衡量一个UI设计师能力水平的标准。

（4）人因学理论和认知心理学

这个概念虽然有些大，却是每一个UI设计师毕生都要努力探索的领域，做UI界面设计自然需要了解人和人的行为。例如，你不可能在同一时间、同一个界面上的不同位置，设计显示两条重要的提示信息，因为人在同一时间的关注点只能有一个，这是生理决定的，而不是个人的主观臆断。举个例子，为什么Windows每一次版本升级或多或少都会找到以前的影子，这不仅是Microsoft设计风格的取向，也是一种习惯，喜欢就是一种习惯。

（5）具备高层次的审美能力、空间思维能力、逻辑能力和一定的文学修养

UI设计师需要保持年轻的心态，不要掉入自己习惯的模式里，这样才能使创意永不枯竭。在目前市面的公司体系中UI设计师是比较高的技术职位，需要具有一定经验的人才能胜任，而资深的UI设计师是与软件设计师平级的，他们共同的上层职位是架构师。这跟某些公司所招收的美工是有很大区别的。

3.职业岗位的要求

UI设计师研究的方向有三个，即研究人与工具、研究人与界面关系、研究人与用户测试。

（1）研究人与工具

就是图形设计师传统上称之为美工，但实际上是软件的产品外形设计师。例如，工业外形设计、装潢设计、信息多媒体设计等。

（2）研究人与界面关系

就是交互设计师。其工作内容是设计软件的操作流程、树状结构、软件的结构与操作规范等。一个软件产品在编码之前，需要做的是交互设计，确立交互模型、交互规范。交互设计师一般以具有软件工程师背景的居多。

（3）研究人与用户测试

就是用户研究工程师。任何产品都需测试，UI设计主要是测试交互设计的合理性以及图形设计的美观性。测试方法一般是采用焦点小组，用目标用户问卷的形式来衡量UI设计的合理性。UI设计的好坏要凭借设计师的经验或领导的审美来评判，而用户研究工程师，一般有心理学和人文学背景的比较合适。

UI设计师的专业背景，他们多数是从高等院校的多媒体设计专业毕业，并具备视觉传达设计与多媒体设计职业素质。（图1-3）

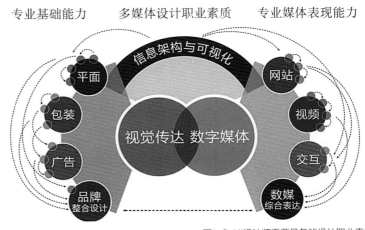

图1-3 UI设计师需要具备的设计职业素质

4. UI设计的教学

UI设计的教学需要学习者具有一定的理论知识与专业实践技能，同时具有视觉传达与多媒体专业知识。培养未来设计师的任务，是提高信息的形象品质，增强传达的力量。但科技的进步并不能直接提高信息视觉的品质。怎样使人更容易了解、如何令人更加舒适、怎么实现更为简洁的信息传达等问题，才是衡量设计师信息处理能力的

标准。因此，信息设计的目标也不仅仅是完成简单的图文信息传递，更是要给人的视觉以生理和心理上的感染和满足，实现视觉沟通。要实现这样的目标，信息设计的媒介元素就必须表意清晰，形式协调，具有很强的可读性。这样受众才有可能充分认知和接受，才能够积极地对其做出回应，实现信息的交流互动。（图1-4至图1-11）

图1-4 手机的界面设计1

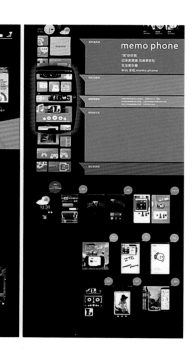

图1-5 手机的界面设计2

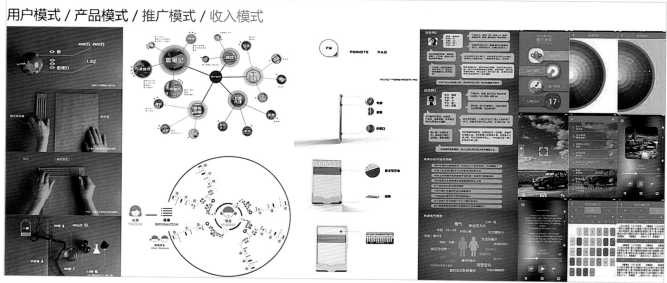

图1-6 多媒体设计专业学生产品用户分析信息设计展示案例

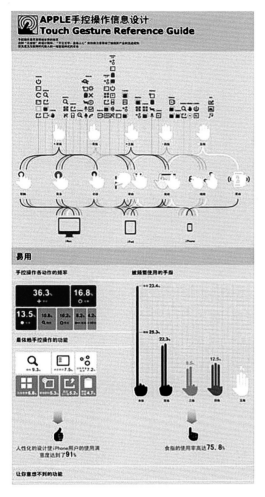
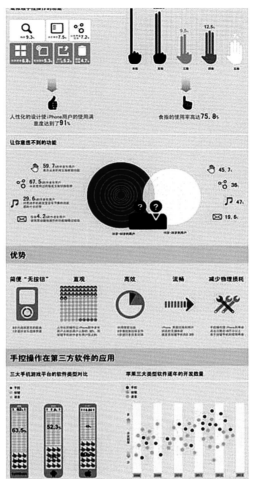
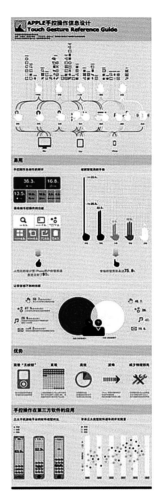

图1-7 多媒体设计专业学生产品功能信息设计展示案例

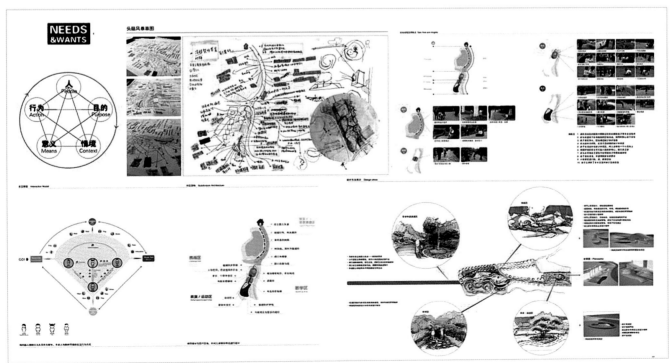

图1-8 多媒体设计专业学生邻域环境评估信息设计展示案例

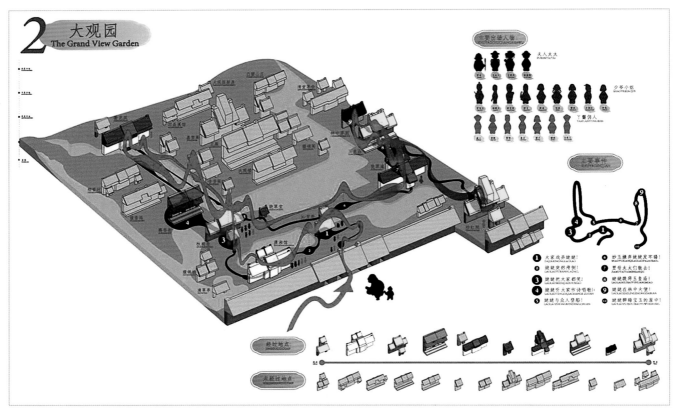

图1-9 多媒体设计专业学生环境景观信息设计展示案例

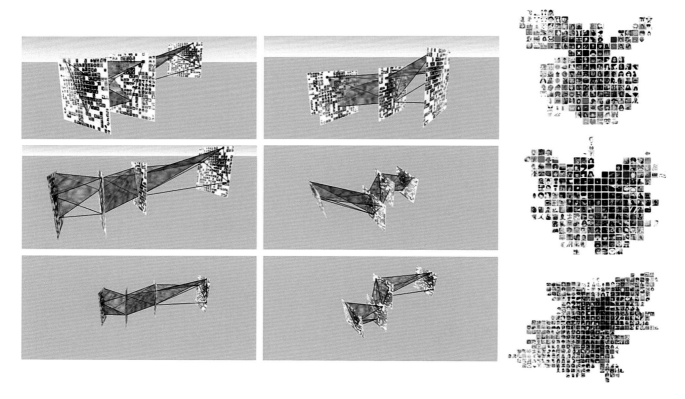

图1-10 多媒体设计专业学生交互信息设计展示案例

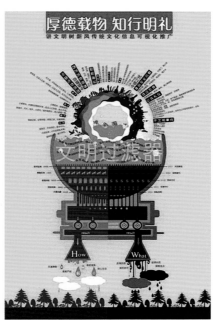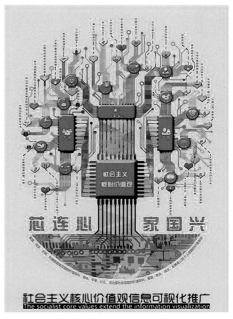

图1-11 多媒体设计专业学生信息海报设计展示案例

思考

1. UI的概念是什么？

2. UI能起到什么作用？

3. UI设计的职业内容有哪些？

4. UI界面设计的交互性体现为哪些方式？

5. UI设计师应具备哪些能力？

实践

主题：体验UI设计

形式：UI设计调查报告书

设计要求：

1. 所考察的形式真实，收集的内容可信，分析的观念具有UI设计的操作性。

2. "UI设计调查报告书"的撰写不少于3000字。

设计指导：了解UI设计的概念、UI设计的定义和要点，掌握基本的调研UI设计的文案写作能力。UI设计的调查项目，由学习者自选成功案例，收集相关资料，分析交互性的表现方式，条理清晰地撰写一份"UI设计调查报告书"。

UI界面信息视觉设计

每个时代都有着它极具代表性的主导媒体和主要媒介形态，数字革命的深刻变革，使整个世界都在迈入数字化生存的时代。数字时代最基本的技术支撑便是数字技术，对于信息社会而言，交互设计作为新兴媒介的一种形态，彻底改变了人们从信息的生产、获取、呈现的传统传播的流程，满足了公众的传播欲望和信息需求。一个小图标，打破了媒介之间的界限，将文字、图片、音频、视频等效果融为一体，人们可大篇幅地获取信息，携带、保存信息变得更为便捷，很好地整合了用户的碎片化时间。

一、UI界面的交互设计要素

人类所有的活动都是建立在信息交流基础上的。UI界面设计涉及人、界面、反馈等，其中最实质的问题就是人机交互，而UI界面的交互设计要素在信息互动交流的过程中缺一不可。

1.UI界面的交互设计要素之间的关系

UI界面的交互设计是以设计一系列行为为核心的系统，有较为具象的核心要素：人、环境、动作、工具和目的，它们之间相互联系，相互影响。"人"指的是用户。"环境"表示我们在什么样的环境中来完成信息交流，可能是动态的环境，也可能是静态的环境。"动作"是我们在阅读或发送信息时通过什么样的动作来完成操作过程。"工具"指的是我们通过什么样的媒体平台

图2-1 UI界面的交互设计要素

来接收信息。"目的"是传递什么样的信息。这是在完成UI界面设计之前，设计师需要对具体的UI界面交互方式进行考量的设计要求。（图2-1）

这五个核心要素同样可以作为考量交互设计好坏的标准，要想在这五个方面有好的表现，需要具备丰富的知识和经验。我们可以通过交互模型、功能系统和信息架构来解析需求，这是一个不断深入分析交互设计五个核心

要素的过程。设计师需站在用户体验的角度，有条不紊地梳理用户的各个需求点，认清这些信息背后所蕴含的真正需求。

人从出生开始就利用器官、想象、情感和知识与周围的环境进行某种形式的对话。交互设计就是创建新的用户体验，其目的是增强和扩充人们的工作、通信及交互的方式或交互空间，UI界面的交互设计五个要素都是需要我们在设计中考虑到的。

2.人与界面

人的感觉器官感受到外界的物理或化学现象，通过神经系统传输到大脑，产生感知。人的感觉器官主要有视觉、听觉、嗅觉、味觉等。

视觉是一个生理学词汇。光作用于视觉器官，使其感受细胞兴奋，其信息经视觉神经系统加工后便产生视觉。人们通过看而了解信息。听觉是仅次于视觉的重要感觉通道。声波作用于听觉器官，使其感受细胞处于兴奋并引起听觉神经的冲动以传入信息。目前在UI界面设计的互动环节中，常以人的视觉和听觉为主，嗅觉和味觉还有待进一步开发。

人们对于信息的传达就是对原始数据的解析过程，在这个过程中，原始数据有选择性地在人的大脑中转化为可以被认知的信息，并有选择性地在人的大脑中转化为知识进而形成智慧。

界面是人与机器之间传递和交换信息的媒介，包括硬件界面和软件界面，是计算机科学与心理学、设计艺术学、认知科学和人机工程学的交叉研究领域。近些年，随着信息技术与计算机技术的迅速发展，网络技术的突飞猛进，人机界面设计和开发已成为国际计算机界和设计界最为活跃的研究领域。

人机交互最终落实到设计层面就是研究界面的设计，而界面设计的出发点是以人为本，以良好的信息交流为本，人与界面的互动方式随着现代多媒体的发展也在不断地更新，因此，UI视觉设计也在迅速地发展，美学原理也在不断注入新的活力。（图2-2至图2-4）

二、UI界面的信息架构

信息架构的主体对象是信息，通过设计结构、决定组织方式及归类，以达到让使用者便于寻找与管理的目的，也就是通过设计合理的组织方式来展现信息，为信息与用

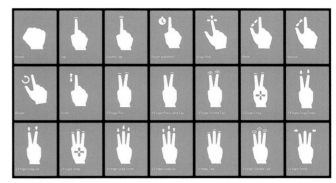
图2-2 常用触屏手势

图2-3 UI界面图标在手机中的使用

图2-4 网络电视的界面

户之间搭建一座畅通的桥梁。

信息架构的重点是梳理信息传达的过程。在做信息架构时，用户体验的设计原则依然是设计师应该优先考虑的，以用户为中心，通过拆分用户的行为，力求为他们设计最简捷的操作步骤。从产品策略和延展性的角度来考虑，如今产品更新很快，功能越来越丰富，因此，我们还需要从宏观角度上考虑，达到便于未来延展的目的。

图2-5 当今产品更新速度加快，功能越来越丰富，用户体验的设计原则应优先考虑

1.信息的复杂性

信息又称资讯，普遍存在于自然界和人类社会活动中，它的表现形式远远比物质和能量更为复杂。

由于信息的复杂性，信息的表现形式数不胜数，信息的分类也不计其数，只要有事物的地方，就必然存在信息。

信息是客观现实的反映，不随人的主观意志的改变而改变，如果人为地篡改信息，那么信息就会失去它的价值。事物是在不断变化发展的，信息也会必然地随之发展，其内容、形式、容量都会随时间而改变。由于信息的动态性，一个固定信息的使用价值必然会随着时间的流逝而衰减。人类可以通过感觉器官和信息设备等方式来获取、整理、认知信息，这是人类利用信息的前提。信息可以通过各种媒介在人与人、人与物、物与物之间传递，同一信息还可以在同一时间被多个主体共有，而且能够被无限地复制、传递。

人们每天需要在最短的时间内搜寻到自己所需要的信息，所以在界面设计中，信息的架构极为重要，清晰的信息架构可以帮助用户快速获取信息，反之，则会将复杂的信息变得更加繁复，让人产生焦虑的情绪。（图2-5）

2.信息的传递

信息传递是指人们通过声音、文字或图像相互沟通消息。信息传递研究的是什么人，向谁说什么，用什么方式说，通过什么途径说，达到什么样的目的。信息传递程序中有三个基本环节。第一个环节是传达人为了把信息传达给接受人，必须把信息译出，成为接受人所能理解的语言或图像等。第二个环节是接受人要把信息转化为自己所能理解的解释。第三个环节是接受人对信息的反应，要再传递给传达人，称为反馈。

在以往的媒介发展历史中，大众一直处于被动接受信息的状态，传达人和接受人的角色是有明确界定的。互联网改变了用户旁观者的位置，形成了真正的交互式网络。而基于数字技术的界面交互设计，以超媒体的传播方式延伸到多人、人机互动的沟通模式，传受双方彼此的信息沟通是一个双向互动、非线性、多渠道的传播过程。

如今，我们借助信息技术可以精确地传递信息，信息的传递在UI界面设计中有着很重要的地位。在UI界面设计中，信息的传递分为多种，可以是交互的，可以是文字平面的，也可以是会说话的图形语言，用户能够从自己感兴趣的点去找寻自己需要的信息，交互在UI界面设计中

图2-6 界面设计是信息与用户之间良好情感的沟通

所传递出的信息是新颖的、有个性的，用户能够在娱乐的同时准确地获取信息。

信息已成为人类生活最基本的交换物，电脑和手机除了具有外观上的变化外，网络更是赋予科技产品便携的特点。曾经的大众传媒向个人化的双向交流演变，不再把传播的信息直接推送给受众，相反，人们会主动地将自身所需要的信息提取出来并进行再次创造。

让信息顺畅的流通是交互设计师必须具备的一项技能，信息的流通可以体现在用户完成一个任务时所经历的步骤，是否和他的预期相同。当今不可能为一个应用（APP）配备说明书，这个预期一般来自于人的本能和经验，这是我们需要站在用户的角度考虑的。

3.信息的沟通

UI界面设计是信息架构的视觉化表现，在界面中，不同的界面风格，不同的视觉表现，会给用户带来不同的感受印象。印象有时是符合个体本身文化习惯的喜好方式，有时是一种象征。

情感沟通可以强化界面艺术表达，而交互氛围的烘托可进一步强化使用者对界面的认知感受。由此可见，在界面设计中，视觉传达各要素的表达和在界面的交互设计中的适当使用，可增强与用户的情感沟通。

好的界面设计并非始于图片和文字，而是基于对人的理解：人们喜欢什么？为什么会使用某种特定的软件？他们会进行怎样的交互？等等。软件对于使用者来说，只是达到某种目的的手段。而作为设计师，我们必须明确几点：用户的动机和意图是什么？他们希望使用的图标和应用姿态是什么？怎样的应用才能为用户设置适当的期望？用户与机器怎样才能在最后达成一次彼此都有意义的对话？好的UI界面设计不仅是简单的信息传达，还是信息与用户之间建立良好情感沟通的桥梁。（图2-6）

三、UI界面的视觉心理

1.信息可视化表达

信息可视化致力于创建那些以直观方式传达抽象信息的手段和方法。可视化的表达形式与交互技术，使用户能够浏览、探索并迅速理解大量的信息。

信息可视化囊括了数据可视化、信息图形、知识可视化、科学可视化以及视觉设计等方面的发展与进步。基于此，加以充分、适当的组织整理，任何事物都是一类信息：表格、图形、地图，甚至包括文本在内，无论其是静态的还是动态的，都将为我们提供某种方式或手段，从而让我们能够洞察其中的究竟，找出问题的答案，发现形形色色的关系。

UI界面的交互设计是信息可视化的一种重要设计方式，在过去，交互设计由程序员来做，程序员擅长编码，而不善于视觉元素的交互设计。在使用界面设计的过程中最能给用户留下深刻印象的一定是界面的视觉元素，也就是我们所说的UI界面设计。所以，很多界面虽然功能比较齐全，但是视觉设计方面有时会显得很粗糙，复杂琐碎，使用起来

图2-7 虽然界面功能齐全，但视觉引导缺乏设计感

图2-8 如何使用户在浏览界面时寻找资源，是设计师需要解决的问题

很困难。如何使用户在浏览界面时可以轻松自如地找到自己想要的资源，促进浏览者的下一次点击，这些都是UI设计师需要思考解决的问题。（图2-7、图2-8）

2.信息情感化表达

情感化交互设计是为用户提供人性化体验的细节设计总和，它关注用户，强调人本思想，最终目标是通过设计使用户的沟通交流更为方便。当用户操作界面时，可以通过用户的视觉和操作行为来调动或改变其情感。

视觉和听觉的作用显而易见，色彩的运用、图形的风格都可以影响用户的情感，可使用户愉悦、平静、兴奋或惊恐等。虽然每一种色彩对不同的用户而言可能有不同的情感象征，但多种色彩的组合与合理的使用可以使各种色彩情感象征相互影响与制约，使用户进入设计者所营造的情感环境中，因此，界面设计的色彩表现尤为重要。（图2-9至图2-12）

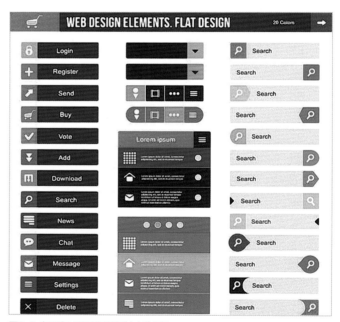

图2-9 色彩在UI界面图标设计中的传达

图2-10 简洁的车载电子设备界面

图2-11 随身电子产品的UI界面图标

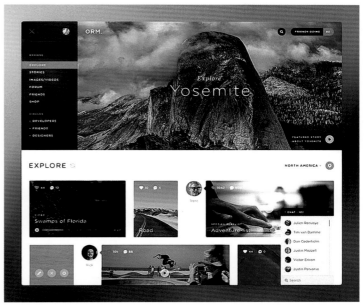

图2-12 网页中的UI界面图标

思考

1. UI界面的交互设计要素有哪些?

2. 人与界面可以通过哪些方式来进行互动?

3. UI界面的信息架构重点是什么?

4. 怎样才能进行良好的信息沟通?

5. UI界面的视觉心理可用哪些方式来表达?

实践

主题:UI界面视觉设计调查报告

形式:UI界面视觉设计调查报告书

设计要求:

1. 所考察的内容真实,收集的资料丰富,分析推理的观念具有UI设计的针对性。

2. "UI界面视觉设计调查报告书"的撰写不少于3000字。

设计指导:了解UI界面的交互设计要素,理解人与界面的互动方式,认识UI界面的信息架构方式与重点,学习UI界面的视觉心理表现方式,掌握基本的调研UI设计的文案写作能力。"UI界面视觉设计"的调查项目,由学习者自选案例,收集相关资料,分析界面图标信息的沟通形式,撰写一份"UI界面视觉设计调查报告书"。

一、信息图标概述

1.信息图标概念

从本质上看，信息是以物质为载体，传递和反映世界各种事物的现象、本质、规律、存在方式和运动状态。信息图标，就是传递信息的视觉符号，其中，"图"包括最基本的符号与底图的形态；"标"，即标示、标准，特定信息的视觉符号。界面，即特定视觉空间，是图标与背景底图所构成的视觉形式。

信息传达从广义上讲就是信息设计，信息图标包括信息的生成、符号的转换、意象的综合与视觉的传达。UI图标的视觉要素如符号、图案和色彩，是信息图标的基本元素。因而图标设计是应用视觉符号的构形，实现信息语义向符号意象的转换，而意义的单纯与繁复分别呈现出直意的、复意的、多意的和专意（主题）的信息图标类型。如图3-1是派拉蒙电影百年图标，每一部电影就是一个信息图标，中心则是派拉蒙电影百年的主题图标。

图标信息传达，是指从一个信息（语义的）系统到另一个信息（数据的）系统之间的转换所呈现的视觉效果。设计的关键，即由信息的概念意义到符号系统的意象呈现，再到人的知觉和心理接受，是传达设计的一种。

图3-1 派拉蒙电影百年图标

2.信息图标特点

信息图标是与其他界面链接以及让其他界面链接的标志和门户，图标能使受众便于选择信息。信息图标的特点是传达信息，其所指内容是研究的重点。图标的表意是由图标质感和结构来体现的，但随着对要表达同样意思的图标在表意上不同的体现，也会使图标的设计风格有所不同。（图3-1）

图3-2 具有明确指代含义的图标

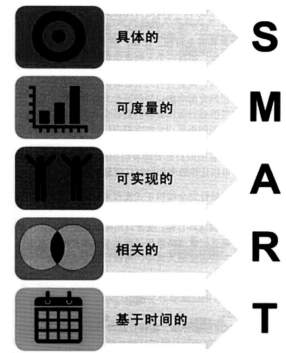

图3-3 对信息进行补充与强调的图标

信息图标是具有明确指代含义的图形符号，具有便于记忆和高度浓缩并快捷传达信息的特征。它在界面设计中可以是功能标识、程序标识、数据标识、命令选择、模式信号、切换开关或者状态指示等。信息图标在人机交互设计中无处不在，随着人们对审美的不断追求，图标的设计也在不断变化。（图3-2）

人们通常对于图形化的东西比文字更能快速理解。图标是直观的视觉标识，可以对信息进行补充与强调，也可以是对信息的直接表意，每个图标都有一套对应图像，随着不同的用处、不同的状态有相应的变化。它们各自具有不同的大小、颜色和图像格式，这些格式对应不同的属性。（图3-3）

3. 信息图标类型

构成UI界面的图标，本质是传达信息的视觉符号，而根据信息传播原理，图标可具有以下的信息特点：

（1）直意图标

直意图标是指包含单一信息语义，经视觉意义直接对应事物的意象符号，通常是基于视觉效应，图标的信息表达，它是与人记忆中的事物形象相匹配的，也就是直接意象表达的符号，其特点是每一个图标符号对应一个信息的意义。

（2）复意图标

复意图标是指包含两个信息语义，经视觉复合构形的意象符号，通常表现为方位图标和指示图标。这类图标的构成形式，不仅能传达有形的事物，也能传达无形的事物，这就有双重意义的信息意象，呈现的是双重信息语义概念的视觉符号转换表达。通常这类图标的信息特征有两层含义，并由两个符号组合构成一个新符号。

（3）象征图标

象征图标指应用视觉符号语言的修辞方式，用某个符号或构成形式来指代另一种字面上并不相关的事物，即一个图标有两层含义，以揭示两者之间的相似性和共通性。

如图3-4中运用了不同大小、不同长短、不同色彩的箭头式引导符号，表现了微软帝国与Google、Apple等大型公司在计算机领域的"战争"。引导符号在画面构成的视觉力场，使引导符号的功能特征发挥得淋漓尽致。

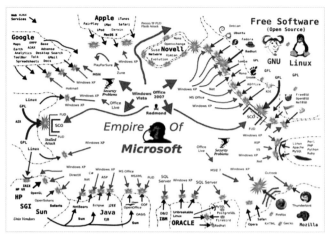

图3-4 微软帝国战争

（4）多意图标

多意图标指包含三个以上的信息语意，经符号组织同构为意象符号，应用在主题信息图标与相关可视化图形的表达内容中。设计的关键在于使用视觉隐喻指代相关信息的图形符号，即用熟悉或预设为熟悉的事物符号去指代其他事物，这类图标首先是以突出信息属性为主，兼容信息的功能指向内容的同构符号形式，让信息意涵更加鲜明，便于快速识别和理解。如在图3-5中，由三个人物剪影所指代的"受众"信息意涵；在图3-6"策略汉堡"中作为"肉"的组织成分，"受众"的意涵由"汉堡包"多层符号同构而形成："你需要花点时间来了解受众的信息需求"的指代寓意。

这说明，多意图标是由多重意义的符号同构创意组合而成的。其构成形式，是应用视觉寓意的方法来弥补文本的缺陷，并为内容增加感情色彩。这种方法是选择和使用其中一种符号作为主体形象，来同构其他符号形成单纯而简约的视觉表现形式，亦是多意图标创意设计的关键。

图3-5 多意图标

 受众：策略汉堡中的肉。你需要花点时间来了解受众的信息需求。

 内容主题：指那些能吸引受众的丰富、有趣的信息精华。相关的内容往往最为有效。

 声音和声调：调味酱，内容的风格和特征取决于文化和行业等因素，由此来选择是用塔巴斯哥辣酱、番茄酱，还是蛋黄酱。

 内容格式：为你的策略添加结构和多样性的调味料组合。

 面包：为内容策略提供平台并对此进行整合的数字渠道。

图3-6 多重意义的同构组合图形与多意符号解释说明

图3-7 卡通风格的专意图标

图3-8 插图风格的专意图标

（5）专意图标

专意图标是指特殊信息的专有语义，经视觉造型所表现的符号意象，通常是手绘风格的插图样式。设计是应用熟悉或预设为熟悉的事物发生现象和过程去表达其事物的发展过程，这类型的图标表现为系列的图形方式。（图3-7）

图3-8中生动地将照顾婴儿全过程图示化，通过警示标志和幽默的对比告知正确的育婴方法。

二、信息图标的视觉

UI信息图标设计，包括信息图标设计与功能设计，前者是视觉信息设计，简称前期设计，后者是技术功能设计。

1.信息图标识别的选择性注意力

注意是人们以一种清晰并且生动的形式，来对那些包含许多种似乎可能的对象产生出一些连续不断的思维，并对这些思维进行一种占有。这种注意的本质是把意识进行聚集、集中。也就是说，注意是一种有选择的心理活动，是人类大脑对信息进行处理的一种重要机制。那些人们感兴趣的物体会通过视觉竞争获得注意，大脑会把相应的信息处理资源分配到获得选择注意的问题上。

信息图标是为了将信息更直观、更准确地传达给受众，而面对内容与形式多样的信息图标，人们会根据不同的需求做出选择，对需要的图标提供更多的注意力。优化视觉识别的选择性注意力，需要在信息图标的设计上准确有效地传递信息，信息图标的分级策划设计尤为重要。（图3-9）

2.图标知觉原理

根据视觉传达原理，UI界面的视觉流程可分为观、看、读三个层次。图标在一个特定的视觉界面，即在特定的视觉空间中，图标信息是分级传达的，呈现出不同信息含量的视觉符号设计，因此信息图标对应观、看、读的视觉意义，分别以直意、复意、多意和专意的符号设计来分级表现，通常以一级、二级、三级图标，四级底图为图标设计计划。图3-10包括一级图标：主题图标；二级图标：功能图标、指示图标；三级图标：信息图标；四级图标：界面底图与图标组合的构成形式；整体设计：图标多样性配色，图底配色，界面整体色调构成。

图3-9 信息图标的分级策划设计

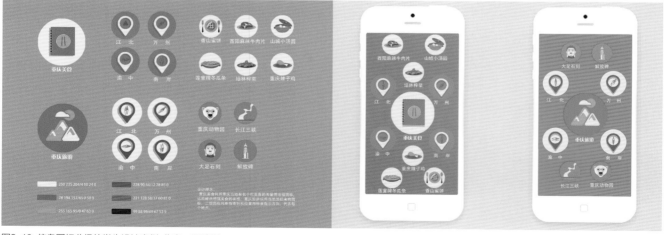

图3-10 信息图标分级的学生设计案例 作者：谭碧辉

第三章／信息图标

朋友社交平台　　　校园社交平台　　　商务社交平台

图3-11 一级信息图标

成员区位　　　　资源搜索　　　　信息发送

图3-12 二级信息图标

通讯录　　　　　　通　知　　　　　　聊　天

公　告　　　　　　投　票　　　　　　活　动

浏　览　　　　　　下　载　　　　　　更　新

图3-13 三级信息图标

3.图标形式心理

在UI界面图标设计中，根据信息设计理论，应有三级信息的图标设计要求：

一级信息图标，即多意图标，需包含三种信息概念。

案例：社交平台，即社会、交往、平台，是三个信息词。设计的关键意义在于呈现：社交是人与人用心交往的视觉意象符号，而平台一词可包含朋友、校园、商务社交的不同概念意义，设计可根据要求选择以一形三意的标志创意符号同构组合而成。朋友社交是以心换心的共形符号，校园社交是以梯形数码符号象征校门的平台符号，商务社交是追求平等互利的平台形式。不同的符号代表不同的信息含义，不同的组合形式代表不同的信息视觉意义。设计的理念：一形多意的同构符号组合。（图3-11）

二级信息图标，属于复意图标，设计需要以两个信息概念的视觉意象构成，图标由两个词意的意象符号组合。设计从两词中选择关键词作为主形式意象，以构成一形两意的标志创意符号。

案例：成员区位、资源搜索、信息发送。（图3-12）

三级信息图标，属于直意图标，设计以一个信息词对应的视觉意象构成，图标符号要求简约明确，通俗易识别。

如通讯录、通知、聊天、公告、投票、活动、浏览、下载、更新。（图3-13）

4.图标表现形式

界面的视觉形式，即特定空间的符号或图形的构成形态，可以传递不同的视觉意象，是界面表达信息主题的形式语意。（图3-14）

界面的构成形式所需要传递的信息，是需要根据特定的信息主题要求，来确定构图的意象。有表达功能的概念，也有表达文化意义的概念，而图标则是界面构成的基本组成形式。（图3-15）

界面图标风格表现要以信息传达为首要目标，可应用统一的图标造型风格，也可应用混搭风格，即立体与平面构形的图标与界面形式。（图3-16）

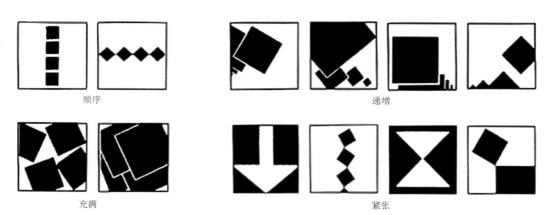

顺序　　　　　　　　　　　　　　　递增

充满　　　　　　　　　　　　　　　紧张

图3-14 同一构图界面所表现的不同构图形式概念，就是视觉形式语言

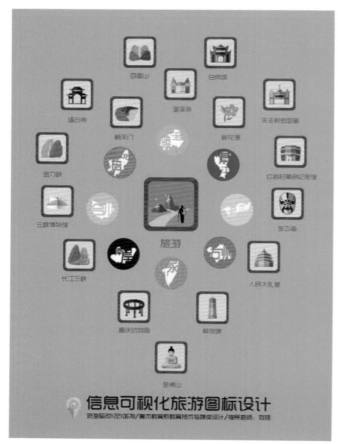

图3-15 旅游界面图标设计的构图形式

图3-16 立体风格的界面图标

以游戏图标为例，强调娱乐的功能，使用立体风格的图标构形能够增加游戏者对游戏信息的辨识度。（图3-17至图3-21）

图3-17 游戏界面图标设计

图3-18 游戏界面图标的构图形式

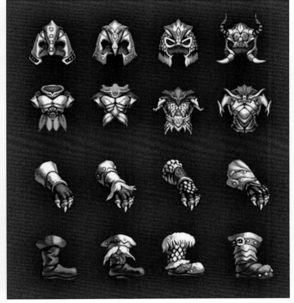

图3-19 立体风格的游戏界面图标设计

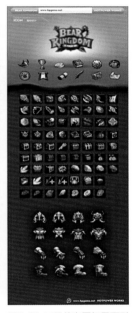

图3-20 三级信息图标界面形式

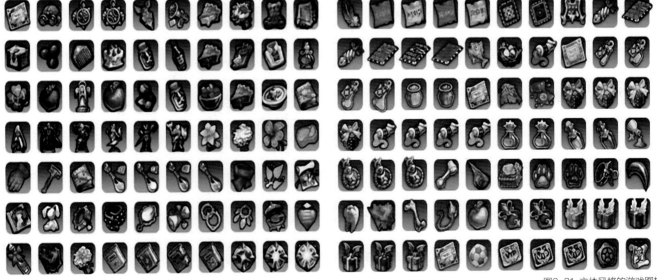

图3-21 立体风格的游戏图标

三、信息图标设计的原则

1.简捷性

界面设计传达的信息方式应是简化的、方便记忆和操作的，信息图标设计亦是如此。用户对屏幕中的信息浏览并不是仔细凝视获取的，而是通过扫视和凝视相结合去搜索自身所需要的信息。

界面设计中应尽量简化每个界面中所包含的信息量，向用户凸显其所需要的关键信息，让用户在扫视中能够快速定位。在有限的时间内需要减少用户的各种操作，一般状况下不要向用户展示过多的文本，这样只会使用户跳过这些内容进行其他操作，此时信息图标的作用就显得尤为重要。

图标的设计必须表意明确，用户从图标中获取的所有信息都是从图标本身以及其他相关知识中推断得到的。设计时应该全面考虑目标用户对图标的认知程度，在界面和用户理解的现实参照之间建立起一种对应，以便使显示的信息和用户关于信息的期望相符，使用户在使用时不会因为信息的误读而造成错误操作或判断。简洁、清晰是优秀图标应该具有的特征，包括在设计界面时，应考虑到按钮名称的易懂、准确，以及按钮触控面积大小等方面。易用性是指界面需要具有合理的功能分区和指示，使界面清晰明了，让用户更加易于操作。（图3-22、图3-23）

信息图标的简捷性在设计时需要设计师使用自然思维而不是程序思维，围绕用户的目的和行为来设计，遵循已经成型的用户习惯，以到达信息图标的简单便捷。

2.对比性

没有差异就没有信息，而差异是在刺激物之间的对比中显示出来的。传播内容的安排如果具有强烈的对比和矛盾冲突，就容易引起受众的注意和重视。色彩、图形、质感、空间等都可以形成对比。

对比是强调突出某些内容最有效的办法之一。适宜、良好的对比度会使用户更能辨识和接受。信息图标设计运用对比的方法有很多，最常用的就是使用颜色之间的对比，还可以使用图形、文字变化的对比。使用对比的关键是突出重点内容，以吸引用户浏览。（图3-24、图3-25）

图3-22 清晰的界面视觉
效果　　图3-23 简洁的信息图标

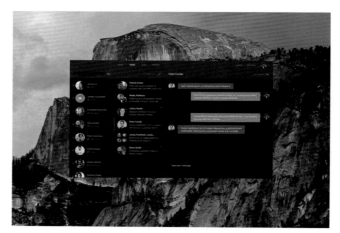

图3-24 界面信息图标的色彩对比效果

图3-25 具有色彩对比效果的界面信息图标

图3-26 界面信息图标质感的整体性

图3-27 界面信息图标整体风格的统一表现

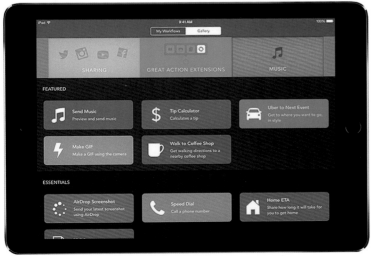

图3-28 具有整体性的界面信息图标

3.整体性

整体性是表现一个界面设计独特风格的必要手段之一。信息图标应具有统一的风格，这不仅能体现产品自身的特点，还能加强用户对产品以及操作的理解。一套风格相同的图标可以塑造产品的整体识别系统，便于用户对产品的操作与记忆。

对信息图标的整体性设计有助于用户对界面进行更好的视觉管理。有效的信息整合与归纳，能够避免界面信息传达歧义或产生视觉上的混乱感。信息图标往往由多个部分组成，而每个部分的所有图标应该具有相同的设计风格，保持这些图标以及图标设计元素中色彩、大小比例、材质、风格等方面的一致性，是让产品显得整体和谐的关键所在。

信息图标的整体性设计，通常会通过多种媒介平台在多个应用范畴中表达出来，使设计在多媒介平台的应用保持统一和完整的效果，是设计风格一体化需要表现的内容。（图3-26至图3-28）

思考

1.信息图标的概念是什么?

2.信息图标有哪几种类型?

3.信息图标怎样分级表现?

4.界面图标的表现形式有哪些?

5.怎样理解信息图标的设计原则?

实践

主题:信息与图标的视觉表现

形式:UI界面图标设计论文

设计要求:

1.由学习者根据本章内容的学习,结合对市场的实际观察和感受,以信息视觉传达的观念,分析UI界面图标设计的形式和内容,并提出有逻辑的分析。

2.根据信息图标的分级表现形式,针对所选案例进行图标分级整理,由学习者撰写一份"信息与图标的视觉表现"论文,不少于2000字。

设计指导:

信息图标是为了使受众可以更便捷地选择信息。根据信息传播原理,图标可具有多种信息特点,为了优化视觉识别的选择性注意力,需要在信息图标的设计上准确、有效地传递信息,这就需要对信息图标进行分级策划设计。论文应体现案例中信息图标的分级方式,并分析每级信息图标的内容,归纳信息图标的设计特点,可从正反案例中进行比较研究。

UI 界面与信息图标

UI界面设计是整合信息视觉构成表达的重要环节，属于人与人之间最直接的传达方式。这种方式以互动性交流为目的，要求设计者深刻理解交流信息的作用和选择方式，即设计的视觉构成语言要与接受者产生共识和对话。

一、UI界面图标分类

UI界面图标设计根据所指信息内容可以分为概念信息图标、链接信息图标、主题信息图标，其用途各不相同。

1.概念信息图标

概念信息图标是通过图标传达出信息的基本概念，图形的视觉冲击力有时是超过文字的可阅读力的。在界面中，很多信息需要通过标识来传递，尤其人们在移动的环境中会较为快速地浏览信息，这时信息图标传达概念的任务极为重要。怎样通过概念信息图标传达正确的概念信息而不引起歧义，是我们在设计中需要努力解决的问题。图4-1的概念信息图标传递出了早晨、夜晚等信息，让用户不需要阅读文字就可以对其一目了然。

图4-1 概念信息图标

图4-2 手表界面的链接信息图标

2.链接信息图标

链接信息图标起着界面之间衔接切换的作用，是对信息的强调或补充。用户在进行界面的下一步操作时，能有信息所指的反应，往往需要通过点击图标进行操作，这种信息图标可以是图形化的，也可以是文字图形化的，还可以将其设计得动态有趣，让受众在等待的过程中增加趣味性和独特感。链接信息图标不容忽视，它是增加用户体验满意度的重要细节组成部分。（图4-2至图4-4）

图4-3 网页界面的链接信息图标

图4-4 平板电脑界面的链接信息图标

图4-5 环保主题信息图标

图4-6 食品主题信息图标

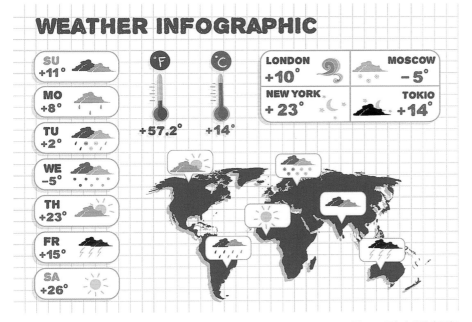

图4-7 天气主题信息图标

3.主题信息图标

　　主题信息图标传达了一个主题的整体概念，是概念信息的主题整体化设计，每个图标都有其各自传达的概念，但整体又能形成一个主题，是较多设计师进行信息传达和塑造产品形象时经常使用的方法。主题信息图标需要注意系列化设计，每个信息图标有自己的特点，但又能融合成为一个整体，这就需要在图标色彩、质感等方面下足功夫。（图4-5至图4-7）

二、UI界面图标组合形式

1.界面构成要素

界面，就是视觉元素在特定空间中的构成形式，简言之就是构图。而UI界面最重要的是信息传达的目的，因此从信息概念—选择心理—符号属性—意象指示的思考层次上，决定了UI界面图标主要功效是功能性与易识性，应用信息分级、功能分区与构成形式，减少选择的思考层级，直接诉诸视觉的情感意象就是设计的关键。

图4-8的界面以功能选择为构成形式，尽量以视觉的次序性进行图标功能分区设置，在信息分级图标组织上以不同几何、大小的形态构成，界面整体构成趋向几何形式，针对受众的选择需求，但缺乏一定的情感意象构成组织。

图4-9是典型的以几何中心为视觉表现形式，所做的界面图标设计。其图标符号与界面的构成形式，呈现出各种图标。无论表示何种信息，皆不以图标的大小和色彩分类分级，使用一致性的圆形图示，围绕中心文字，上下和左右对称安排顺序，强调和突出其中心文字的主题信息意涵。

2.界面视觉流程

（1）界面视觉中心

依据人的视知觉心理，界面的视觉中心是通过特定空间中所呈现的视觉流程来获得的。界面内的视觉起始点，位于左上方1/3处，向下移动在界面边缘向上循环，形成流动的视觉循环焦点，这个点可以是流线上的任何一点。注意焦点是设计创作出新颖有趣的符号或形态时，才能成为视觉中心，而不是界面内的几何中心。（图4-10）

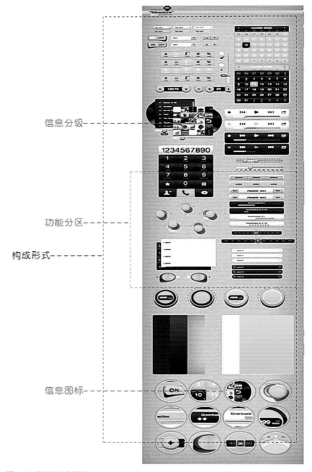

信息分级

功能分区

构成形式

信息图标

图4-8 界面构成要素

图4-9 界面视觉中心

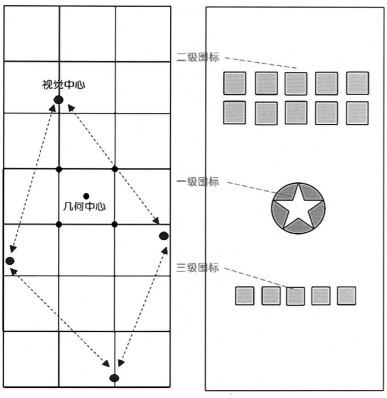

图4-10 界面视觉流程示意图　　　　图4-11 构成形式

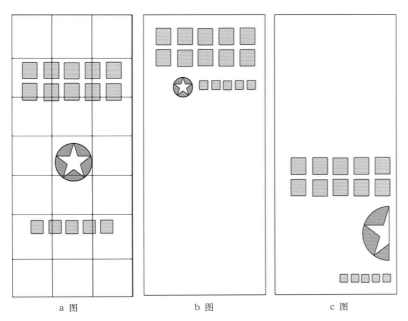

　　a 图　　　　　b 图　　　　　c 图

图4-12 界面构成形式概念设计方案

（2）界面视觉构成

UI界面是以专题性、功能性和选择性的信息图标与背景图构成的。根据视觉符号形态"同形相吸，异形相斥"的原理，形成视觉空间内的符号张力场，决定着图标注意的次序和关注的程度。因此，不同信息图标应采取不同的形态（如方形、圆形、椭圆形、六边形等）来分级设计不同主题或专题图标。同形态的图标应以大小区别来表示信息选择的层级关系，而无论哪种图标内的符号造型都是对应分级的信息符号。一般界面视觉至少应有三级图标和背景图的构成形式。（图4-11）

3.界面构成形式

图4-12是三个界面构成形式概念设计方案。随着其中各级信息图标间相互位置关系的变化，视觉中心也发生了变化，由此形成了界面格调的巨大变化。

a图视觉焦点在界面中心，两排图标分别布置在"井"字网格上，画面稳定、完整，但缺乏时代感，格调略显不高。

b图视觉焦点较之a图，有了较大的偏移，图标布置在界面的上部靠边缘处，单个图标也避开了"井"字网格。视觉焦点相应地向上发生偏移，界面的平面空间布局构成有聚有散、张弛得宜，有一定的时代感。

c图视觉焦点则有了较大偏移，五星图标已移出右侧边缘，两排图标也同样做了相应的靠右偏移，这时的"五星圆"似已成"局部"，两组图标由于其相互关系和大小的不对称，也具有了"局部"的感觉，诸图标的构成和空间的布局处理带给人新颖和时尚的时代感。

相比较而言，在这三个方案图中，b图和c图显得更合于时代，更具有设计美感。关键在于视觉焦点的精心设计，使它成了一种活跃而有效的视觉构成形式语言。

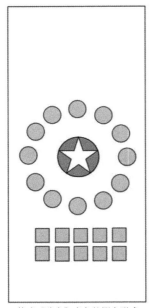
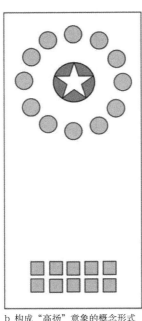
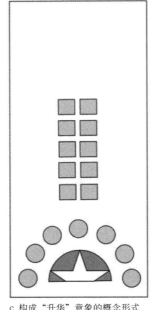
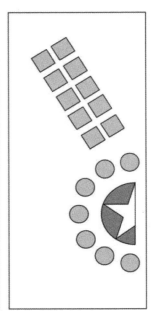

a 构成"稳定"意象的概念形式　　b 构成"高扬"意象的概念形式　　c 构成"升华"意象的概念形式　　d 构成"律动"意象的概念形式

图4-13 界面构成形式意象

4.界面形式意象

界面构成的视觉形式，不仅是一种视觉形式语言，也是一种表达界面空间形态组织的意义形象。

圆形、方形与星圆组合的图标成组形态，在界面上形态各异，分组对比排列。构成符号的关联性，是由星形与方形在同一条直线以及大小圆的同形呼应，形成了界面整体表现效果的"平面性"。界面构成元素的每一组局部形

态，都形成了主题，并非轻易能抽掉哪一部分。每一组局部形态都是"主题片段"，都是符号化的主题信息概念，使整个界面构成形式的语意进一步强化了界面构成形式意象的多意性和信息层级的次序性。（图4-13）

图4-14不同信息图标的组合，一旦形成不同的界面构成形式，其形态的意象就不同，突出呈现的主题也因此不同。

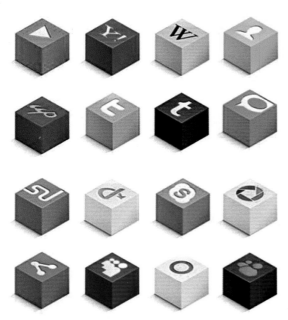

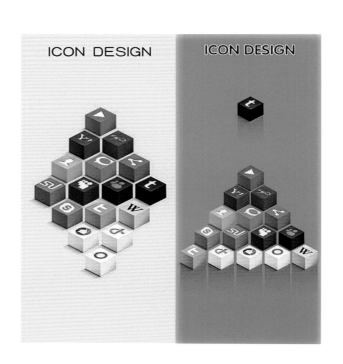

图4-14 界面的不同构成形式

游戏图标的界面形式是充分吸引受众的重要设计环节，由主题图标与指示图标分置三级联系而成，信息色彩的配置强调时间轴上"现在进行"的色彩意象，突出界面的信息主题和功能。（图4-15、图4-16）

图4-17是一款典型的游戏界面设计，其中的图标与背景均采用立体图标设计，信息色彩的配置在强调时间轴上的"地域"色彩意象的界面形式上做了适当的扁平化处理。

图4-18是一名学生所做的界面图标设计方案，虽然其中的图标设计有待深化，但在理解界面形式语言上有明确的指向性和自己理解的设计处理。

图4-15 游戏图标的界面形式1

图4-16 游戏图标的界面形式2

图4-17 游戏界面图标构成形式

图4-18 界面图标构成形式

三、UI界面设计规范

1.界面设计要则

无论是图标的造型，还是提示信息的措辞，界面图标构成要素在颜色、布局和风格上，都必须遵循统一的标准与规范。

（1）确认目标用户

在界面图标设计过程中，要求分析界面图标设计所针对的目标用户，获取最终用户和直接用户的需求。用户交互性要考虑到目标用户的不同，所引起的交互重点和信息分级形式也不同。例如，对于专业用户和对于入门用户的设计重点就不同。

（2）设计目标一致

界面图标设计中往往存在多个组成部分（组件、元素）。不同组成部分之间的交互设计目标需要一致。例如，以电脑操作初级用户作为目标用户，就应以简化界面逻辑为图标的设计目标，则该目标需要贯彻形式和风格的整体性，而不是局部的视觉效果。

（3）元素外观一致

界面交互性质的图标元素外观往往影响着用户的交互效果。同一个（类）界面图标采用一致风格的外观，对于保持用户焦点，改进交互效果有很大的帮助。遗憾的是，如何确认元素外观一致却没有统一的衡量方法。因此需要对目标用户进行调查来取得反馈。

（4）个性化与标准化

采用标准化界面则可以较少考虑个性化方面，做到与操作系统统一，读取系统标准色表。

图4-19学生设计案例，以中心发射构成界面形式，但图标配色由于个别图底使用重色而整体显得凌乱，二级、三级图标应有所区别。

2.界面图标规范

在设计界面图标时应坚持以用户体验为中心的设计原则，界面图标应直观、简洁，操作方便快捷，用户接触软件后对界面上对应的功能可以一目了然，从而方便使用本应用系统。

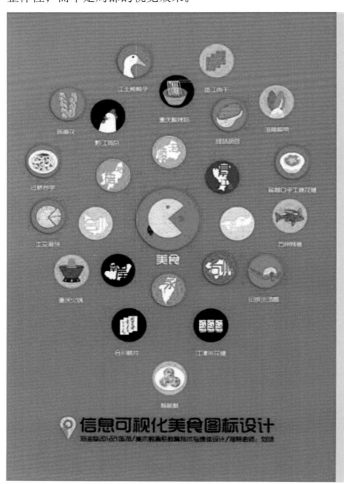

图4-19 无信息分级和配色凌乱的界面图标

使用一致的标记、标准缩写和颜色，显示信息的含义应非常明确，用户不必再参考其他的信息源。

在进行界面图标设计时需要充分考虑布局的合理化问题，遵循用户从上而下、从左至右的浏览、操作习惯，避免常用业务功能按键排列过于分散，以造成用户鼠标移动距离过长的弊端。多做"减法"运算，将不常用的功能区块隐藏，以保持界面的简洁，使用户专注于主要的业务操作流程，有利于提高界面图标的易用性及可用性。

3.界面配色规范

（1）统一色调

界面配色设计需针对信息类型与用户工作环境选择恰当色调，如绿色体现环保、蓝色表现时尚、紫色表现浪漫等，淡色使人舒适、暗色使人不觉得累等心理和生理信息色彩的视觉效应。（图4-20）

（2）针对色盲

界面配色设计需重视色弱用户，即使使用特殊颜色表示重点或者特别的东西，也应该使用特殊指示符、着重号及图标等。

（3）颜色测试

界面配色常由于显示器、显卡的问题，每台机器色彩表现都不一样，应经过严格测试，不同机器进行颜色测试调整。

（4）遵循对比

界面浅色背景使用深色文字，深色背景使用浅色文字；蓝色文字在白色背景中容易识别，而在红色背景中则不易分辨，原因是蓝色与白色反差很大，而红色和蓝色没有形成足够反差。除特殊要求外，杜绝使用强烈对比，以及让人产生憎恶感的颜色。（图4-21）

图4-20 尽量统一色调的学生图标设计作业

图4-21 强调对比的学生图标设计作业

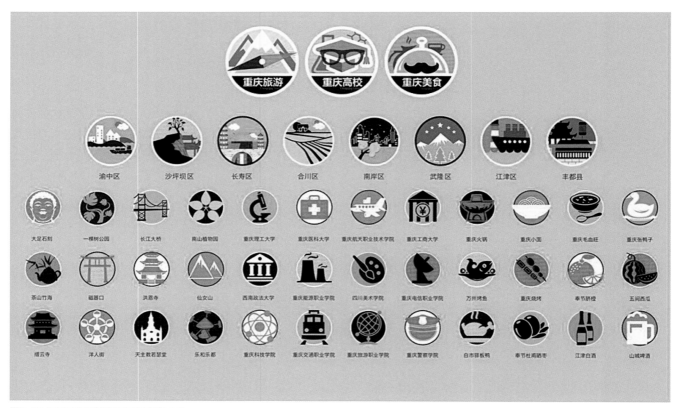

图4-22 尽量减少配色的学生图标设计作业

（5）减少配色

整个界面色彩应尽量少地使用类别不同（即色彩属性不同）的颜色。（图4-22）

（6）应用iTop色表

界面配色需根据具体标准，即参考美术学统计学术标准。色表的建设，对于美工在图案设计、包装设计上起着标准参考的作用，对于程序界面设计人员在设计控件、窗体调色时起到有章可循的作用。

4.界面信息规范

（1）统一字体

界面设计需使用统一字体，字体标准的选择依据操作系统类型决定。中文采用标准字体"宋体"，英文采用标准Microsoft Sans Serif，不考虑特殊字体（隶书、草书等），特殊情况可以使用图片取代，以保证每个用户使用起来显示都很正常。字体大小根据系统标准字体来进行设置，例如，MSS字体8磅，宋体小五号（9磅）、五号

（10.5磅）等。所有控件尽量使用大小统一的字体属性，除了特殊提示信息、加强显示等以外，iTop采用BCB，所有控件默认使用parent font，不允许修改，这样才有利于界面的统一。

（2）改变属性

Windows系统有一个桌面设置，以设置大字体属性，很多界面设计者常常为此苦恼，如果设计时遵循微软的标准，全部使用相对大小作为控件的大小设置，当切换大小字体时，不会有什么特殊问题出现，但设计者为了方便常以点阵作为窗口设计单位，如此一来，这样便导致改变成大字体后，就会出现版面混乱的问题。在这种情况下，应该做相应处理，即一是写程序自动调节大小，点阵值乘以一个相应比例；二是全部采用点阵作为单位，不理会系统字体的调节，这样可以减少调节大字体带来的麻烦。BCB/DELPHI中多采用第二种方法，必然结果是和系统不统一。

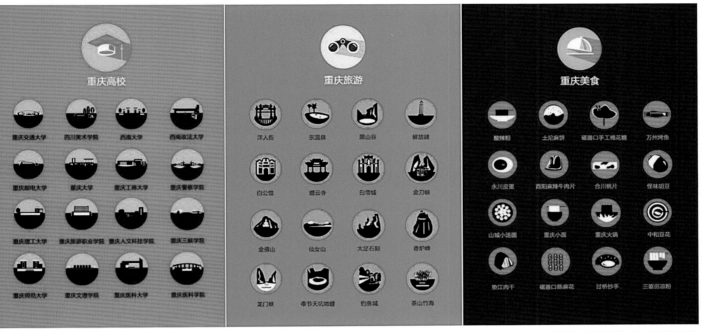

图4-23 此学生图标设计作业，图标形态以大小分级，但缺乏第二级方法指示图标

（3）重视文字表达

　　界面图标的提示信息，在表达Text文字时应遵循规范：一是口语化、要客气，多用"您""请"，不用或少用专业术语，杜绝错别字；二是注意断句，即逗号、句号、顿号、分号的用法，提示多信息时应该分段；三是警告信息，防止错误使用对应表示法；四是使用统一语言描述，如一个关闭功能按钮可以描述为退出、返回、关闭，需统一规定；五是根据用户不同采用相应词语，如针对儿童语气应亲切和蔼，针对老年人语意则应该成熟稳重等；六是控件风格，不要使用容易误读的控件图标，功能要专一，如果无能力设计一套控件，则使用标准控件，杜绝不伦不类，视觉杂乱无章。（图4-23、图4-24）

图4-24 此学生设计作业中第二级方法图标不明确，设计有缺失

5.界面技术支持

（1）配色技术应用

一是需遵循统一的规则，包括界面颜色表的建立、图标的建立，其步骤也应该尽可能形成标准，可参考iTop的Out Look Bar图标设计标准。而有标准的图标风格设计，需有统一的构图布局，统一的色调、对比度、色阶，以及统一的图片风格。

二是底色应融于底图，强调主题意象，使用浅色低对比，尽量少使用多种颜色组合。

三是设计信息色调配色方案，提供整体配色表，为界面控制程序设计出合理、统一的信息图标库。

四是参考标准界面使用规范：图标控件功能遵循行业标准，Windows平台参见图标样式标准，在允许的范围内可以统一修改其样式和色调。

（2）交互技术支持

设计一个多彩的人机交互界面，应把握好统一性，充分利用资源。其中少不了精美的鼠标光标、图标以及指示图片、底图的构成功能的表达，要求相应的技术支持。

①设计应针对用户使用时能够建立一个精确的心理模型，使用熟练一个界面后，切换到另外一个界面时能够很轻松地推测出各种功能，语句理解也不需要费神。

②交互界面以给用户统一有序、清晰而不混乱、心情愉快的视觉感受为应用技术支持度的标准。

③建立合理的UI设计标准，描述各项规范，界面设计者应理解它，并作为开发准则。

④界面图标、图像应清晰地表达出内容，遵循常用标准，或者用户极其容易联想到的物件，技术支持绝对不允许出现莫名其妙的图案。

⑤鼠标光标样式统一，尽量使用系统标准，杜绝出现重复的情况。例如，某界面图标设计中，一个手的形态就有4种不同的图标。

⑥参考其他软件的先进操作，提取有用的功能使用，杜绝盲从和漫无目的。根据需要，设计特殊操作图标控件，技术支持的准则要简化操作，以达到一定功能为目的。

⑦界面技术支持人需与设计人商榷图标控件的可实现性，若不实行此步骤，将会导致各自对对方工作的不满，产生界面图标不一致的混乱。

思考

1.UI界面图标分为哪几类？

2.如何理解界面视觉流程？

3.怎样围绕视觉中心设计界面构成形式？

4.我们应遵循的UI界面设计规范是什么？

5.UI界面设计需要哪些技术支持？

实践

主题：界面信息图标设计

形式：界面信息图标设计提案

设计要求：

1.以"重庆高校、重庆旅游、重庆美食"为界面主题，每组分主题图标、二三级图标设计，图标设计8～16个/组。请根据资料自行选择项目，进行信息分级和主题归纳。

2.每个图标设计需与所选择的相关主题意象相符，而主题图标需根据概念词创意符号。

设计指导（图4-25至图4-28）：

1.重庆高校主题。主题设置针对外地学生到重庆读大学，首先要对所读院校的信息有所了解。通过手机查询重庆高校，能够迅速查找到就读院校的地址、交通路线等信息。

2.重庆旅游主题。具有三千年悠久历史的重庆旅游资源丰富，既拥有集山、水、林、泉、瀑、峡、洞等为一体的壮丽自然景色，又拥有融巴渝文化、民族文化、移民文化、三峡文化、陪都文化、都市文化于一炉的浓郁文化景观。自然风光尤以长江三峡闻名于世。通过手机查询重庆旅游景点，能够迅速查找到重庆旅游景点的地址、交通路线等信息。

3.重庆美食主题。重庆菜，即渝派川菜，就是在巴渝地区广为流传的菜肴。渝菜以味型鲜明、主次有序为特色，又以麻、辣、鲜、嫩、烫为重点，变化运用，终成百菜百味的风格，广受大众喜爱。历经70年打造的渝菜，加之直辖后重庆的飞速发展，渝菜已成为菜系中闪亮的明星。今天的渝菜，则更是发扬本土文化创意求新的精神，不断提升和完善已成为全国餐饮美食的主流。重庆各区县特产、小吃别具地方特色，美味可口。通过手机查询重庆美食，能够迅速查找到重庆美食的地址、交通路线等信息。

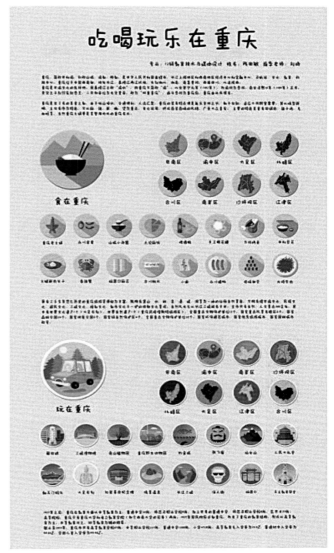

图4-25 学生图标设计作业案例 作者：陈敏

图4-26 学生图标设计作业案例 作者：吴安琪

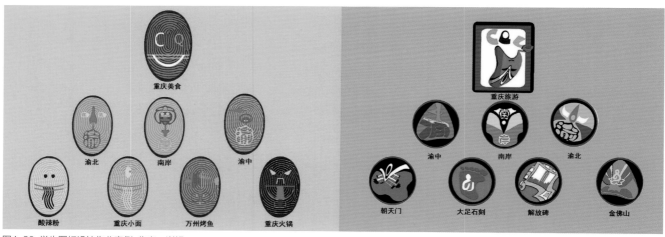

图4-26 学生图标设计作业案例 作者：谢娟

重庆

北碚　渝陵　合川　江北

南岸　渝北　渝中区　万州

重庆动物园　长江三峡　渣滓洞　颐尚温泉

仙女山　三峡博物馆　桃花源　四面山

若瑟堂　缙云寺　歌乐山　大足石刻

茶山竹海　白帝城　香炉峰　小寨天坑

重庆酸辣粉　磁器口陈麻花　磁器口手工棉花糖　合川桃片

赖桃酥　山城小汤圆　土沱麻饼　万州烤鱼

永川皮蛋　中和豆花　重庆怪味胡豆　重庆过桥抄手

重庆火锅　重庆鸡汁锅贴　重庆毛血旺　莲童牌冬瓜条

图4-28 学生图标设计作业案例　作者：谢雨汐

重庆高校

四川美术学院　四川外国语大学　西南大学　重庆大学

重庆第三军医大学　重庆电子职业科技学院　重庆工商大学　重庆邮电大学

重庆科技学院　重庆人文科技学院　重庆交通大学　重庆三峡学院

重庆师范大学　重庆理工大学　西南政法大学　重庆医科大学

图4-29 学生图标设计作业案例　作者：吴静

第五章

UI界面图标信息色彩

UI界面图标的信息色彩表达，是图标设计的重要环节，属于人与人之间的信息情感传达方式。这种方式在当代信息社会中，以互动性传递为特征，要求设计者与受众不仅是设计和接收信息，还是以体现交流信息为目的。即设计的视觉语言要与接受者产生互动和共鸣。

图5-1 手机界面图标的信息色彩　　图5-2 扁平化界面图标配色

一、信息色彩设计原理

UI图标在信息色彩配属上，是对信息概念、视觉心理、配色属性与情感意象四者关系之间的考量。可传达性，就在于将设计的指向做针对性划分，通过"感情移入"的方法，将设计配色所产生的情感移入接受者情感共鸣中去，使移情中的配色意象成为信息体验的感情表达，从而达到设计者和受众对信息的认知和理解。同时，不同的人有不同的爱好特性。设计者需要通过对群体的情感分析，才能达到对个体主体性的共通情感表达，才能完成图标信息色彩传达在造型与界面形式表现上，成为接受情感信息的共鸣状态。（图5-1）

在图标的信息色彩设计中，从信息概念、视觉心理、配色属性、情感意象的思考层次上，由于UI界面图标传达的主要功效是易识性和认知性，因而应用扁平化的配色方法，减少配色的思考层级，直接诉诸视觉的情感意象就是设计的关键所在。（图5-2）

1.信息所指色彩概念

信息传达的色彩设计对象是信息的载体，是设计师为受众更好地接受信息所做的服务，因此，设计承载了各主体的思想意识，成为各主体交互影响的重要设计环节。这样的设计包含了设计师、设计对象和受众的共有意图。但就设计作品而言，设计行为本质上仍是一种主体性的，即这种主体性中孕育着设计师、设计对象以及受众三要素之间的共同愿望的可能形态。

因此，信息传达的色彩设计实践所带来的积极意义，在于对设计对象的主体确认。在肯定信息、色彩和设计与传达之间的关系上，明确各主体之间的可传达方式，使色彩真正承载信息的交流特性。这种方式就是从色彩的生理、心理和情感等不同角度，研究色彩在信息传达中各主体之间的互动设计方法，将单纯的色彩重塑为信息的色彩，减少信息传达中沟通理解和交流的障碍，完成信息传达的目的。

2.人本信息色彩

人类社会的信息，都是作用于人的信息。在这个意义上，信息的色彩传达，就应是人的生理和心理信息两方面的色彩意象解读。通常，信息色彩传达，离不开视觉的形式和符号化的语言，人的生理信息多应用于色彩形式感的传达，而人的心理信息多作用于色彩符号化的意象解读。于是，内容与形式的设计构成了人本信息色彩的传达性。

3.信息色彩的配置方法

信息色彩的配色方法并不是色彩平均配置，而是有重有轻，张弛有度。配色的视觉冲击力会吸引观者，给观者留下深刻印象并打动观者，没有冲击力的配色表现，会让好不容易制作出来的图标遭人忽视，无法赢得良好的反馈。营造色彩冲击力效果要适当，色彩配色要平衡，否则会达到相反的效果。信息色彩的基本配色方法有以下三类：

（1）关键色强调

在设计中作为主体最重要的颜色被称为关键色。关键色是要给用户留下最深刻印象的颜色。关键色必须要成为画面中最醒目的颜色，其他的颜色不能在显眼度和冲击力方面超越关键色。关键色可以起到增强信息量让画面更紧凑的作用。关键色的强调，是在画面整体缺乏活力的情况下，加入少量与整体画面感觉性质相反的颜色。比如在绿色调的画面中加入少量红色作为强调色，会使画面更有活力。（图5-3）

（2）渐变和透明效果

色彩阶段性的变化，被称为渐变。渐变有明度渐变、彩度渐变

图5-3 关键色强调的界面图标配色

图5-4 透明与渐变色处理的界面图标配色

和色相渐变。渐变的效果可以营造出舒缓的变化，产生阴影让画面立体化。利用渐变效果，可以很方便地让画面体现出纵深感，如互为补色的两种颜色，如果形成渐变就会显现出刺激的对比效果。（图5-4）

透明表现，是颜色与颜色重叠起来构成的色彩表现。用电脑可以很容易地实现这种表现。A与B重叠部分的颜色就是A+B颜色的混色，形成色层通透感很强的清晰视觉效果。

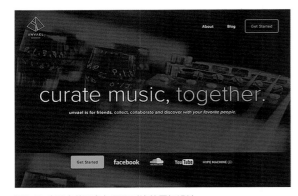

图5-5 应用字体配色与面积对比的图标设计

（3）对比与面积效果

相邻颜色配色产生对照，通过对照，加强两色的对比使双方的性质更加突出。对比有明度对比、色相对比、彩度对比、补色对比等。如果配色使用灰调，无彩色的渐变可表现出立体感和纵深感。补色对比易产生晕光，仅用补色对比会产生刺激性的配色效果。降低互为补色的色彩彩度，可以减弱对比效果。因此，对比是可以带来活力的配色手法。色彩如果没有相当的面积，很难感受到其色相，给文字配色时就常会出现这种问题。色彩的面积越大，越容易显现出面积效果。（图5-5至图5-7）

二、扁平化的色彩

目前，在UI信息图标的设计上，都在强调应用扁平化设计的理念。无论是一个网站还是一个应用程序，扁平化和极简的设计正在成为新的趋势。人们正在远离一直很受欢迎的拟真设计，当苹果推出iOS时许多设计师都选择采用它。随着

图5-6 应用面积配色对比的图标设计

图5-7 应用限色对比的学生图标设计 作者：何竞

应用程序在许多平台上涵盖了不同的屏幕尺寸，创建多个屏幕尺寸和分辨率的拟真设计既繁琐又费时，这促使UI信息图标设计也朝着更加扁平化的方向发展，追求在所有屏幕尺寸上的美感。

1.扁平化概念

扁平化设计指的是抛弃那些已经流行多年的渐变、阴影、高光等拟真视觉效果，从而打造出一种看上去更"平"的界面，以增加用户的使用兴趣。

扁平化设计理念目前基于网络的信息交互技术发展迅猛，作为信息的发送端与接收端，各类以便携电脑、平板电脑、智能手机等为代表的智能产品也层出不穷，传统的产品也表现出了一定的智能化趋势。触屏技术的普及使产品功能的实现越来越依赖对视觉化的文字、图形、图标进行操作，硬件界面有逐渐被软件界面取代的趋势。

扁平化风格的优势是它可以更加简单直接地将信息和事物的工作方式展示出来，减少认知的视觉障碍；扁平化的设计可以使图标在所有的屏幕尺寸上的视觉效果更简约、更有条理、更清晰、更具适应性。扁平化设计的缺点是需要一定的学习成本，同时其传达的感情不丰富，甚至过于冰冷。（图5-8）

2.扁平化色彩形式

扁平化色彩形式是色调与饱和度的匹配。虽然在色调上，设计师可以有很多的选择，但一般开始时会选互为镜像的色彩。它要么是一个主色或辅色的组合，要么是色盘的另一部分，包含了更多黑色、白色的混合。一提起扁平化设计的色彩方案，人们就会联想到高饱和、鲜亮、复古或单色块等。但并不是说这是唯一的选择，只是发展趋势使它们变得流行。（图5-9）

3.扁平化色彩特征

扁平化完全属于二次元，这个概念最核心的是放弃了一切装饰效果，如阴影、透视、纹理、渐变等，凡是能做出3D效果的元素普遍不用。所有元素的造型边界，都干净利落，没有任何羽化、阴影或者渐变。尤其在手机上，更少有按钮和选项，使界面干净整齐，使用起来格外简洁。（图5-10）

图5-8 扁平化图标设计可以使所有屏幕尺寸上的视觉效果更简约

图5-9 扁平化色彩表达是色调与饱和度的匹配

图5-10 扁平化属于二次元，就是放弃立体感，表现二维的平面空间造型

三、图标扁平化配色方法

色彩是扁平化设计的重中之重，颜色的明暗，色彩的醒目程度，配色方案是单调还是多彩，这都非常值得研究。扁平化设计一般综合运用多种配色手法来创造一种优秀的视觉体验。

醒目明亮的颜色能够增加信息视觉元素的趣味性，看起来很有国际范儿。设计重点是要在色彩的饱和度、深浅、明暗上下功夫。

单调的配色方案在针对单一功能的信息图标扁平化设计中很流行。通常会选定具有生气的颜色，然后在色调上进行调整。

多彩风格是另外一种选择。不同的界面和面板使用不同的颜色，要使整体效果好，就必须使信息色彩达到整体的层次感和有序感。（图5-11）

1.Flat UI Colors扁平化流行色网站

Flat UI Colors是一个非常简单的网站，展示了扁平化设计中最为流行的色调案例。用户点击便可以得到RGB和HEX色码。HEX色码即十六进制色码，最常用于网页和Flash当中。（图5-12）

2.Adobe's Kuler调色生成工具

Adobe's Kuler调色生成工具，可以打造出多种多样的扁平化风格配色方案。但在使用时必须根据所要传达的信息意象来选择配色方案。（图5-13）

图5-11 使信息色彩达到整体的层次感和有序感

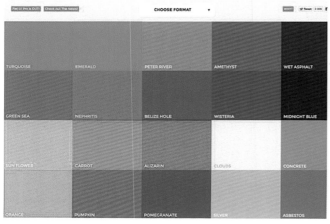

图5-12 HEX色码表

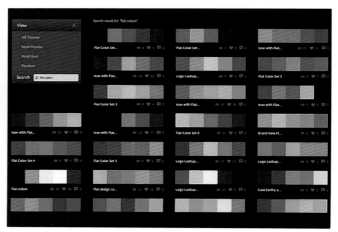

图5-13 Adobe's Kuler调色生成工具

图5-14 根据不同主题要求的立体图标

图5-15 根据不同信息要求的简约性图标

图5-16 针对主题信息概念的意象性配色图标

图5-17 信息图标构形与配色

图5-18 体现功能信息配色的信息图标

3.扁平化配色案例

（1）立体与平面的扁平化配色

图5-14左右两图的图标是根据主题要求而采用的立体与平面的构成形式。虽然两图在整体配色上应用扁平化，在图标立体与平面设计中趋向一致，但在二级图标所针对的功能指向上，两个方案有不同的设计趣味点。

（2）平面信息图标的扁平化配色

应注意图标设计构成形式的简约性，要以图标符号传达信息为度量和个性化为标准。（图5-15）

在众多图标的整体分布上，应注重配色的相互借用，

并在应用扁平化配色时，针对其符号的概念意义，注意色彩意象性与色彩系统彩度的强弱配置。（图5-16、图5-17）

（3）专题信息图标的扁平化配色

以气象信息为主题的图标构成形式与配色案例的图标构成形式的风格化是提高情感性信息传达的重要方式，注重整体配色所应用的扁平化设计方式，并针对其主题概念的信息色彩意象性配色。图5-18的界面图标充分体现了功能信息的次序感。

图5-19 功能信息图标与界面形式配色案例 　　　　　　图5-20 手绘风格的信息图标

（4）功能信息图标与界面形式的配色

注意整体配色所应用的扁平化设计方式，应针对其功能概念的信息色彩意象性配色。（图5-19）

（5）手绘风格的信息图标的扁平化配色

手绘风格的信息图标可采取扁平化的配色方式，可达到整体醒目的效果。（图5-20）

思考

1.信息色彩的配置方法有哪些?

2.扁平化的概念是什么?

3.扁平化的色彩特征表现在哪些方面?

4.图标扁平化有哪些配色方法?

实践

主题：UI界面图标信息色彩设计

形式：UI界面图标信息色彩设计提案

设计要求：

1.UI界面图标信息色彩设计中每个图标的信息色彩需应用3~5个配色来表现，自定形式意象，而界面背景色应与每个信息主题意象相关联。

2.配色需要表现统一的视觉界面信息。

设计指导（图5-21至图5-26）：

UI界面图标信息色彩设计在界面设计中是较为重要的环节，其对受众对信息的理解起着强烈的视觉刺激，受众往往在较短时间的情况下会通过色彩来辨识信息。在界面信息图标色彩设计中，我们可通过具体的色彩搭配方式来表现信息，如关键色强调、渐变和透明、对比与面积等方法。同时，色彩的搭配需要符合信息所要传递的内容，色彩表现要形成统一的风格。

图5-21 界面信息图标限色配置学生作业 作者：程瑶

图5-22 界面信息图标设计学生作业 作者：王轶君

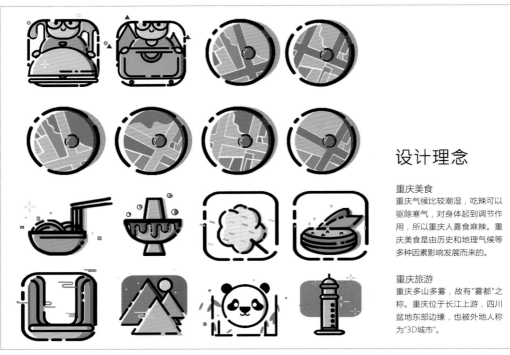

设计理念

重庆美食

重庆气候比较潮湿，吃辣可以驱除寒气，对身体起到调节作用，所以重庆人喜食麻辣。重庆美食是由历史和地理气候等多种因素影响发展而来的。

重庆旅游

重庆多山多雾，故有"雾都"之称。重庆位于长江上游，四川盆地东部边缘，也被外地人称为"3D城市"。

图5-23 界面信息图标设计学生作业 作者：许紫荆

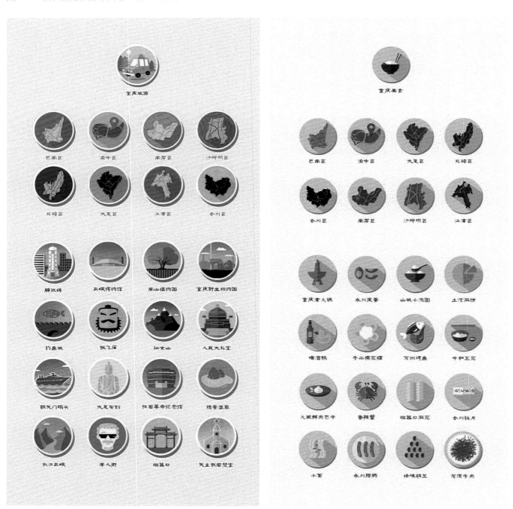

图5-24 界面信息图标设计学生作业 作者：陈田敏

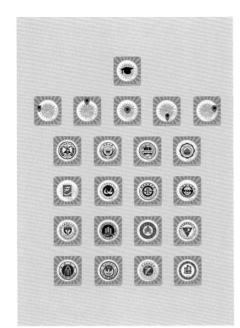

图5-25 界面信息图标风格化设计学生作业 作者：王南雁

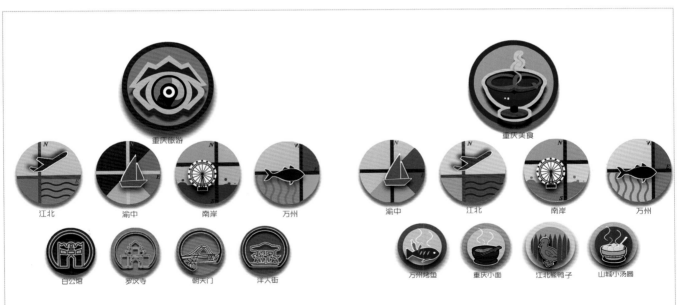

重庆旅游

江北　　　　渝中　　　　南岸　　　　万州

白公馆　　　罗汉寺　　　朝天门　　　洋人街

重庆美食

渝中　　　　江北　　　　南岸　　　　万州

万州烤鱼　　重庆小面　江北熊鸭子　山城小汤圆

设计理念：
　　重庆是一个充满热情，弥漫着红色革命文化气息的美丽城市，有山城、雾都之称。在旅游的概念上我围绕重庆的地方特色选取了重庆的自然、人文的代表色，如红色、绿色等来表达重庆的地域魅力。用线和面的结合来表现重庆各大标志性风景名胜，以体现其历史与现代的结合，创新发展的理念。一级图标总体看为眼睛的形状，其实表达了重庆的地形特色，三面环山，中间用五彩的颜色，表达重庆丰富多彩的文化特色，总体寓意是用眼睛去看看独一无二的重庆。

设计理念：
　　重庆美食远近闻名，其中最著名的便是重庆火锅，这也是我用一个火锅的形象体现重庆美食的原因，用热辣的红色来体现重庆美食的特色——麻辣。结合嘴的形状和重庆首字母CQ缩写，总体使用较为明亮的颜色，如红色、黄色等。美食选了重庆很有代表性的万州烤鱼、重庆小面、山城小汤圆、江北熊鸭，体现了重庆特色。二级图标，结合各区县地形、位置、特色制作。如渝中区的朝天门码头长江，嘉陵江两江交汇，两色河水相容的特色美景。

图5-26 界面信息图标风格化设计学生作业 作者：牟文静

UI 界面图标设计方法

UI界面图标设计方法需要从人们对界面图标的视觉识别方式、信息图标创意思路入手，了解界面图标设计的前期准备和创作思路，进而对具体的图标符号构成设计及界面图标质感塑造进行具体研究。

一、界面图标的视觉识别方式

界面图标的视觉识别方式是受众对信息图标进行识别时的心理反应，它影响着视觉经验与记忆、视觉信息的空间力场及视觉符号的指代性。

1.视觉经验与记忆

视觉信息符号的传播使设计结果必须依赖于人的视觉经验。对听觉而言，是具有语言的符号；对视觉而言，则具有视觉符号。只要能进入人视域的事物及因素，都可以作为视觉符号。

由于视觉感知是人类最直接、最外在、最感性的感知事物的方式，界面图标设计的视觉传达特性决定了它重点研究如何更快、更强烈地触动人们的视觉感知。就我们的视觉经验而言，自然事物的形态大多以不规则曲线为轮廓，我们的视觉乐于接受或更加注意由不规则曲线组织成的图像或图形。而相同或相似于自然形态的图像或图形，又最易引发人类本能的情感，即视觉愉悦。这样，由点、线、面、色构成的相同或相似于自然事物的图形符号就容易被人的视觉所感知，它往往成为界面图标设计的主体要素，而图形化的文字往往合乎人的

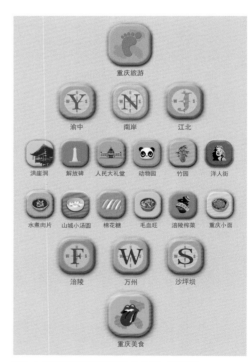

图6-1 界面信息图标组合形式 作者：毛珮璇

视觉规律及情感规律，故而"图形化"是最吸引视觉注意力的一个重要创作规律。（图6-1）

2.视觉信息的空间力场

视觉中心是设计的重要规律与技能。中心即传递给受众的重要信息并吸引集中成为视觉的焦点，为"视觉信息"指引明确的符号存在性。从生理角度看，我们的视野可分为主视野、余视野。主视野位于视野之中心，分辨率最高；余视野位于视野的边缘，分辨率较低。日常视觉经验告诉我们，在任何观看过程中，视觉会自觉进行调控，使我们的视觉焦点停留在相对舒服的位置。当我们的眼睛同时面对各种各样的复杂视觉符号时，它会成为一个自控的过滤系统，包含选择地注意自身最感兴趣的信息符号，而其他的信息符号则自然而然地成为"背景"。同样，在解读一件设计作品时，我们的视觉焦点也会根据设计的指引而停留于最佳位置。

就画面形态构成而言，视觉中心统领着整个设计作品的布局，在我们日常的视觉经验中，各种各样的信息符号之所以被我们感知，是因为我们的视觉很自然地确定了图形与背景的概念对比关系。在这种关系中，视觉感知获得实现，我们解读任何界面图标设计作品时，也不能离开这种对比。（图6-2）

3.视觉符号的指代性

如果主视野中信息符号是不规则的、陌生的、不完美的，那在我们的机体内就会产生一种"内在需要"的动力——"完形压强"，我们的视觉会基于这个"内在需要"的"完形压强"而自动对信息符号进行重新"组织"，使其"简化"为完美图形。即是说我们力图在以往的视觉经验中寻找与那些不规则的、陌生的、不完美的相同信息或者相似的信息作为参照，互相整合，以期获得一种熟悉感，这个过程是一种能动的自我调节倾向。对于个体的人而言，如果这个工作流程失败，则意味着个人对这些信息完全排斥、拒绝，这可以解释我们为何会讨厌或者喜欢某些图形和画面的原因。

格式塔心理学的试验表明：有秩序、有规律的图形（如几何图形、对称图形，有规律的曲线、直线、平面等），易被我们的视觉所接受，易产生视觉美感，但它们却十分不耐看、呆板、单调和缺乏活力。有秩序的规则图形对人们视知觉来说的确是一种单调刺激，我们注意此图形时视线是连续的、无阻碍的、流畅的，形成不了视觉注意的兴奋点，即视觉焦点，对此视觉亦会产生排斥。所

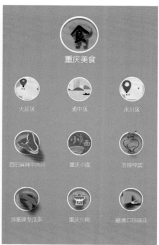

图6-2 界面信息图标 作者：王玉姣

图6-3 界面信息图标组合形式 作者：牟文静

以，恰到好处的中断、转折、交叉、过渡、对比会形成集中的视觉兴奋点，会更大限度地吸引人们的视觉注意。贡布里希对此解释说：眼睛在快速扫描环境时并不向大脑提供任何信息，只有当它处于静止状态时才能提供信息，而这种静止的状态只有视觉感知到的图形中断、转折时才能更容易形成。因此，中断对眼睛来说是一种磁铁，我们的眼睛在本能寻找中断，而中断也代表设计的独特性。界面图标设计所以要简约中寓丰富、规律中含变化、对称中存在不对称、平衡中包含不平衡，其原因即在于此。（图6-3）

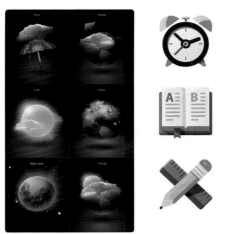

图6-4 具象型图标   图6-5 意象型图标

图6-6 意象型图标

二、信息图标创意思路

需要明确表达信息时，我们可以用图标来标识，把抽象的概念视觉化。仅用文字虽然可以说明信息，但是图标可以对查看信息做更明确、快速的反应。而在前期策划完善后，就需要对信息图标进行具体设计，在信息图标设计时创意思路十分关键，图标最终的呈现效果需要在最开始时进行创意构思。具象型、意象型和抽象型是信息图标创意思路的大体方向。

1.具象型

具象型的表达方式是指信息图标的表现方式为较为具体化的视觉形象，表达的是视觉的真实性和典型性。给受众的心理感受是直观的呈现，信息的直接化表述，在形象上一般较为复杂、质感丰富。在越来越简洁的界面图标设计中，这种表现方式相对较少，但符合人们视觉心理的具象型图标设计，有时会带给受众不一样的感觉。（图6-4）

2.意象型

意象型在信息图标设计中较为常见，意象型的表现不是完全描摹客观形象，而是运用变形、夸张、重组的表现手法，这就需要用准确、贴切、通俗，人们所熟悉易懂的语言、生活习惯的比喻手法来表现。有些标识往往是卡通形象，这也是意象型的一种表现方法。信息图标的意象型表现可以让受众有一定的想象空间，通过变形的手法能更加符合其审美需求。（图6-5至图6-8）

图6-7 界面信息图标组合形式 作者：石静雅

图6-8 界面信息图标意象构形 作者：向怡妹

3.抽象型

　　抽象的表现方法是以具象作为依据，把具象提升到超脱自然之外的几何形或自然形，以规范、严谨、整洁、明确和秩序，引起人们心理上、逻辑上的联想。抽象型虽然没有具象型表现那么直观具体，但是具有强烈的现代感和形式美，有鲜明的视觉效果。信息图标可以单纯的文字作为视觉形象来表现，这是一种抽象型的表现方式。抽象型的信息图标可给予受众充分的想象空间，用简洁的几何形式来表现，简洁明了的传达信息，符合简洁化的信息图标设计趋势。（图6-9至图6-11）

图6-9 抽象型图标

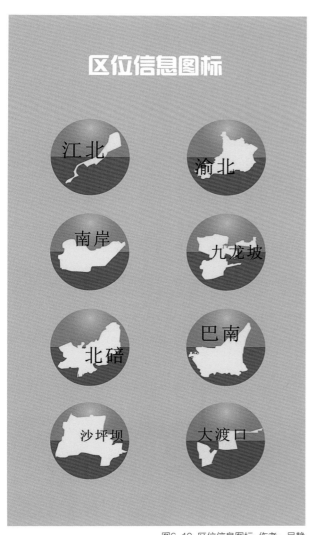

图6-10 区位信息图标　作者：吴静

 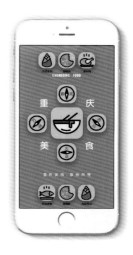

图6-11 界面信息图标　作者：苏海帅

三、图标符号构成设计

图标，"图"是构成形态（或方或圆），"标"是符号造型，其设计关键就是信息符号的构成设计。

1.图标符号概念

图标符号是什么，定义有很多的。有时图形符号就是图标，而有时则需要区别对待。所谓图标符号，基本上就是利用图形，通过易于理解、与人直觉相符的，最基本、最简约的符号形象，是传达信息的一种载体。

特指符号，即信息特别指向的符号。在大街上、商场里、机场、医院、美术馆等大量人口密集的公共场合，常能看到这样的符号。有些是指示方向的标记，有些则是安全出口的标记，它特指符号在环境安全导视中是不可或缺的视觉符号。

插图符号是一种专指形式的图形符号，如果它与背景融为一体会无法引起人们的注意，就可能完全失去符号的意义。因此插图符号应尽可能地避免使用文字，选择设计即使被缩小也能辨识的简单图形。必须坚持符号的简约要求，即使省略也不影响理解的信息要素，其关键点是通过视觉意象呈现符号性。

如图6-12是从4本旅行手册中摘录的图形符号，每组设计的形状和色彩皆不相同，表现的风格各式各样，无论哪种都能让人赏心悦目。

通识符号是指非专有的，能够表述某个事物的特征、目的、属性或状态的公共符号。也就是说，公共符号实际所表示的东西不是独一无二的，是具有通用性的。（图6-13）

信息符号的设计原则，是尽可能地不使用文字，因为常有语言不通而出现无法理解的情况。如果采用文字，一旦在海报或者手机界面上缩小后就会大大增加阅读的难度，在设计上也不够精炼。另外也会遇到以纯粹的图形无法表达的信息，这就需要用文字加以补充说明，这也是信息图形符号与插图的区别。（图6-14）

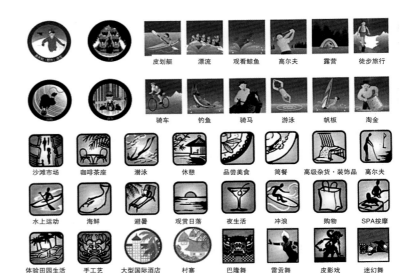

图6-12 插图风格的图标设计

图6-13 通识符号的图标设计

图6-14 信息图标符号设计

图6-15 实业之日本社《信步闲游》英国插图符号

图6-16 朝日新闻社《名画日本史》中的插图符号

图6-17 普通公共设施通识符号的图标

2. 图标符号的生成

信息语意转换生成视觉形式，是对应信息意义，根据相关事物的特征、目的、属性或状态所呈现的形象来完成的。

（1）插图符号的生成

插图符号即是一种再现事物的形象符号，指不使用文字而仅用绘画图形来表现的信息符号，以表现事物为主要特征，一般是具象的或专用的图形，也就是专门指示信息（意义）的符号。

图6-15是旅行指南中的插画地图，图中描绘了大本钟、约克大教堂、尼斯湖等名胜。乍一看，感觉像是图形符号，但是，像这些在世界上独一无二的东西，即使采用了插画的形式，也不能算作是图形符号。仅仅将固有的东西画出来，无论如何都应该算作是插画。

插图符号的创意是通过图标符号的构成（构图）形式上的隐喻意义来表达信息。

图6-16是日本报纸上介绍人物时，所使用的图形符号。把历史人物置于画框之中，读者仿佛是在一旁窥视这些人物正在说话的样子。这些图形符号的设计，选择背影简约造型，带给读者莫大的期待感，作者的用心可见一斑。

（2）通识符号的生成

通识符号以目标受众可理解的简约象形符号为设计目标。

设计图形符号时，最重要的是考虑给谁看，如何准确地传达符号所代表的含义。例如，在公共场所的安全出口、洗手间、铁道站台或售票处、停车场等地方，图形符号的使用者为不特定人群。因此，即使人们的年龄、国籍、文化存在差异，符号也绝不会产生歧义。也就是说，设计目标应该是不需要文字就能理解的符号。

继1987年国际标准化组织(ISO)规定了安全出口图形符号的国际标准后，2002年，日本的标准化组织(JOS)将图6-13中出现的图形符号定为国内标准。像这样谁都能理解的、世界通用的图形符号，已经成为一种世界性的潮流。（图6-17）

（3）信息符号的生成

单一信息所转换的意义形象是具象的，造型方式是再现式的，即一个信息对应一个符号，突出事物的主要特征，并以几何化归纳事物趣味造型，注重剪影的直接认读性，以事物本身生动的形象性直接感召受众。（图6-18）

信息符号的生成，广泛应用在各种公共空间的信息传达中。

公共场所的符号生成，是强调图形符号的统一性为理想。但如果过分拘泥于任何人都能理解，表现空间就会随之变小，对设计的创造性和自由度造成制约。

杂志、书籍、广告、私有空间的符号生成，并不要求所有人都能理解，只要目标人群或是某些圈子里的人能够明白就可以。

中学教科书中的图形符号生成，是要求所有中学生都能看懂的符号。设计时，必须先明确受众和目的。（图6-19）

3. 图标符号形色组织

信息的图形符号，一般是一个符号对应一个事物形象表达一种信息含义。实际上，其用法不止这一种。

（1）单意符号的形色

图6-20图A为某个室内装饰的特辑，用于在地图上表示店铺特征，如各种杂货、家具、照明、器皿等。与之前的图形符号不同的是，这些符号底色以黑色居多，图案则反白，是信息的直意符号。但当需要表达这些商品中是时尚的，还是中性的，或是民族风的意义时，就可采用6种不同的色彩。将这些色彩与表示不同商品种类和档次的另一层意思相结合，可组成6种不同的形式风格。这就是符号构形与色彩所赋予的信

图6-18 突出事物主要特征的信息符号

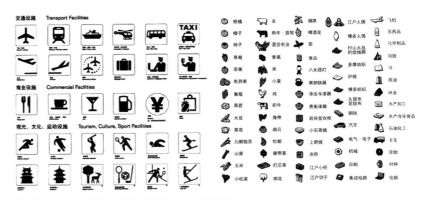

图6-19 日本东京书籍《全部社会地理》中的信息符号

图A

图B

图6-20 单意符号的形色处理

息含义。

图6-20图B与图A的创意类似，同样的人物搭配不同的服装，造型就表现出了6种不同的状态。这也属于一种变体的图形符号。

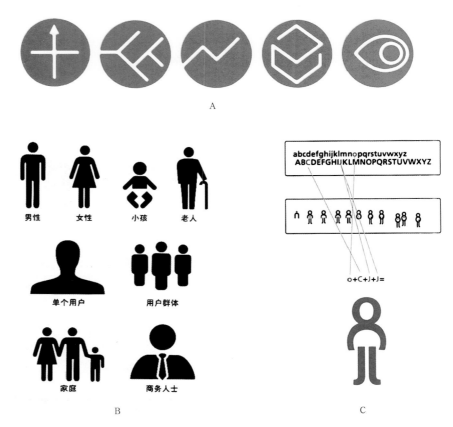

A

B

C

图6-21 符号的意义组织方法

（2）符号的意义组织

设计复意符号，即使造型技术并不娴熟，或是对信息色彩的配置缺乏自信都没关系。只要应用基本的点、线、面，利用现成的通识符号，经变形、添加或置换处理，也能表现复意和多意的信息符号。

A图：不同的指示符号，是应用单一线条的变形处理，获得不同方向的信息符号。

B图：单个用户、用户群体、家庭、商务人士的符号都是通过男女通识符号变形而来的。

C图：是用英文字母组合后做出的符号，仅使用4个字母就拼出人的形状，现仍在使用。（图6-21）

此种方法既可获得符号的通识性，也可在一定程度上具有公共性中的个性特点。

4.图标符号构形方法

（1）符号形态要素

符号的形态要素，包括符号的物理属性、形态特征、空间限定和社会关系四种。其中，物理属性即有形的要素，包括符号的几何形状、曲直性与开闭性形状，符号的色彩（色相、明度、彩度）和肌理（视觉肌理、触觉肌

图6-22 符号构形的意义合成图标

理）。形态特征包括符号构形的物理数量（大小、粗细、体积）和方位（垂直、水平、倾斜、位置）， 以及符号构形的动静状态与光线效果。空间限定则包括点、线、面、体和实虚效果。社会关系是符号形态的一种重要的要素，即无形的信息要素，如形象的新奇、感情的运动、意义的合成等。（图6-22）

（2）符号构形原理

符号构形是以自然形态或人工形态做基础，将最基本形态要素的点、线、面，按照"形态要素+运动变化"的公式构成形态。因为运动变化是事物真实存在的状况，又与人的视觉心理和情感相照映，成为构形的设计重心。

符号的构形起始，是模拟和再现，以深化的构形来创造"心象"。所谓"心象"即信息对象受视觉客观的启发和诱导，凭借心理记忆、联想和顿悟而转换生成的形象，体现了主观理解和感情因素。

符号构形有两种，一是情态构形，即把信息概念以拟人的、社会意义的视觉翻译为动机的构形；二是逻辑构形，即以物理学、几何学为动机的构形。两种思考在构形中同步进行，传统上称"以形写意"。因此，符号构形的目的，就是使内部结构呈现出点、线、面造型的逻辑，以表现某种情态的整体视觉效应。两种动机相互联系，相互作用。

（3）符号的构形方式

①变形与夸张

单意信息的符号需要增加其复意的含义，是通过变形、夸张的方法处理，来改变原形变为新的形态，形成在原意中新意的视觉信息效果。

②节奏与韵律

节奏与韵律，是把握新符号构形的方法，不同的节奏与韵律构形，所产生的概念犹如词语中修饰定语一样而有所不同。（图6-23）

图6-24中的天鹅符号，有安静的、张扬的、起舞的、飞翔的等。如果天鹅是象征寓意的某企业名称，那符号传达的信息，就不仅有企业是什么，还有是什么样的企业。

③对比与调和

符号生成两个以上的信息含义，被称为复意符号。采取对比，是针对形、色、空间的构成处理，注重点、线、面的大小、疏密、曲直的形对比，以及正反、横竖、前后面的空间对比方法。采取调和，是所有对比要素同构成一个符号时，需要在造型风格、构形类型以及配色上形成互补和协调。（图6-25）

图6-23 不同节奏与韵律构形，传递不同的信息意涵

图6-24 不同形态的天鹅符号，构成不同的象征寓意

图6-25 复意符号的构成图标

图6-26 通过透叠方法构成的复意符号

④透叠

即由两个以上的形共同构成的符号，呈现我中有你、你中有我的效果，两个形交合后会形成第三个形，从而就会形成注意的焦点，并具有新的意义。（图6-26）

⑤折叠

由同一个形做不同方向的变形处理，形成两种交折叠放的错视空间效果，成为一个有趣的意义符号形式。（图6-27）

⑥填充

通常选择一个具象的符号或图形，放置在一个主要的抽象符号中，要求置入形的曲直线和面的造型与主符号造型相适相协，形成一个共有图形效果。（图6-28）

⑦置换

选用一个主要图形后，由新添加图形根据主图形的某一个局部位置、面积和外形，实行替换处理，成为多意的共有图形效果。（图6-29）

⑧旋转

在同一图形中做镜像复制以形成具有动感的旋转图形效果。（图6-30）

⑨应用材质效果的图形符号

图6-31是汽车的宣传册中所使用的图形符号，使人产生生硬的印象。其设计灵感来自于能让男性心潮澎湃的铝合金或拉丝不锈钢材质效果。

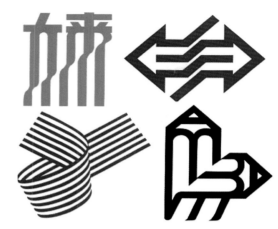

图6-27 通过折叠方法构成的符号

图6-28 通过填充方法构成的符号

图6-29 通过置换方法构成的符号

图6-30 通过旋转方法构成的符号

图6-31 应用材质效果的图形符号

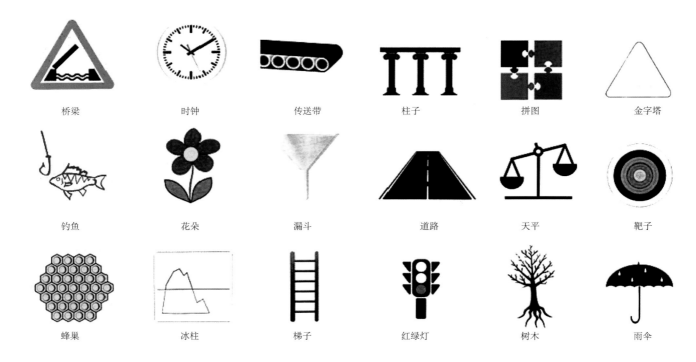

桥梁	时钟	传送带	柱子	拼图	金字塔
钓鱼	花朵	漏斗	道路	天平	靶子
蜂巢	冰柱	梯子	红绿灯	树木	雨伞

图6-32 直观对应概念信息的图形符号

5.图标符号创意构成

公共信息的可视化传达，需应用到一些概念信息的抽象表示，即图形符号的创意构成设计。（图6-32）

（1）隐喻的创意符号与图形

图形符号的创意构成设计，一般是以一个或多个符号的同构组合，形成特定意义的符号图形，这类符号必须简约，具有共识性。（图6-33）

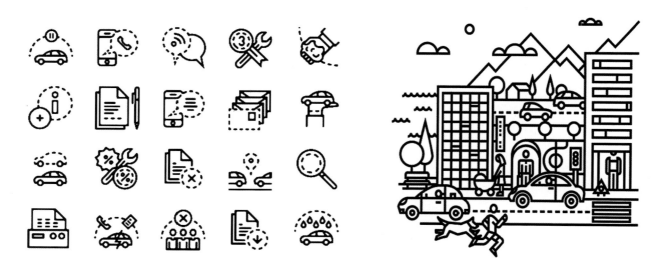

图6-33 多个符号同构组合的图形符号

（2）创意的符号表达

由多个不同符号的组合，即可形成图形的创意。（图6-34）

（3）符号构成创意方法

多意符号构成的创意方法。（图6-35）

对称与均衡——图形符号在统一中求变化，变化中求统一，产生宁静、简洁、和谐之感。（图6-36）

错视意象——图形符号通过视错觉达到空间层次感，产生特殊的视觉效果。（图6-37）

寓形共生——图形符号的形与形之间共用一些部分或轮廓线，相互借用、相互依存，可产生趣味感和动感。（图6-38）

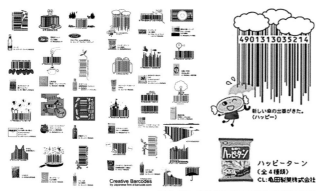

图6-34 多个不同符号组合的创意图标

西餐厅

催眠中心

物业顾问

博物馆

XXX中心

吸烟室

图6-35 多意符号构成的创意图标

图6-36 应用对称与均衡的创意图标

图6-37 利用错视意象的创意图标

图6-38 寓形共生的创意图标

（4）信息标识符号的创意设计案例

如图6-39中，品牌MONARCH的信息标识符号，是通过一系列的狮王形象变异构形，设计为对称与均衡的形态构成效果，突出了"王者"的创意。

如图6-40中，在表达特殊地域"山"的信息标识符号上，设计通过对具象与抽象的构形筛选，确定为对"山"意象特征的夸张装饰的表现效果，突出了标识符号的地方特点。

如图6-41中，是品牌ALL connect的信息标识符号，

设计通过一系列标识名称首写字母的解构重组草图，最后应用夸张字体衔接点与倾斜动态，来完成了对"全连接"标识信息的创意解读。

如图6-42中，是品牌earth smart cars的信息标识符号，设计通过绿叶符号的象征与悬浮投影的错视意象隐喻创意，使标识符号表达出"地球智能汽车"的信息意涵。

如图6-43中，是著名的石油公司品牌标识符号，设计历经数次改造，着力在"SHELL"贝壳视觉形象中寓形共生的创意方法，传达了其公司不断发展进步的企业理想。

图6-39 品牌MONARCH的信息符号，设计创意突出了"王者"的形象

图6-40 在表达特殊地域"山"的信息符号上，设计突出了标识符号的地域特点

图6-41 品牌ALLconnect的信息符号，完成对"全连接"标识信息的创意解读

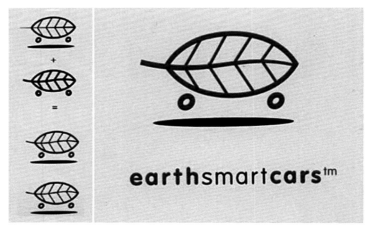

图6-42 品牌earth smart cars的信息标识符号，表达出"地球智能汽车"的信息意涵

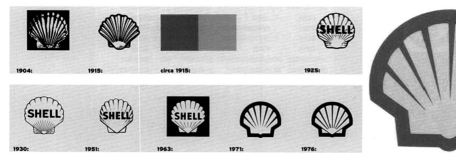

图6-43 著名的石油公司品牌标识符号，设计着力在"SHELL"贝壳视觉形象中寓形共生的创意，传达出企业理想

图6-44 单纯简洁的扁平化界面图标设计

图6-45 强调减弱质感影响的界面图标设计

图6-46 利用透明感的拟物化设计

四、界面图标质感塑造

界面图标上的质感是对信息图标设计的锦上添花，质感用得恰当，加得合理，会营造出更好的使用环境，给用户带来良好的体验。界面设计的趋势在不断变化，对于界面图标的质感选择也在不断地更新换代。界面图标的质感和所追求的设计风格应该是相辅相成的、极致简约的，界面图标的质感也不会有过多的表现。现今苹果设计的各种玻璃质感和阴影效果，也是对拟物化这种设计风格适当的诠释。质感的塑造可以通过扁平化、拟物化和动效化来表现。

1.扁平化

扁平化近几年来提得比较多，也是比较流行的一种风格。扁平化是指避免所有的立体装饰，例如，阴影、纹理等。

扁平化强调减弱质感的影响，使界面变得更加简洁。扁平化设计不仅仅是表示视觉元素上的扁平，它也意味着产品结构上的扁平，尽可能让界面操作流程更加简单便捷。界面图标的扁平化设计可以通过单纯的形象和简洁的色彩来实现。（图6-44、图6-45）

2.拟物化

界面图标质感少不了拟物化的设计，拟物化主要是利用一些特殊手法达到图标质感在视觉上与真实物体的相似性，例如，阴影、玻璃质感、透明感、金属感等效果。拟物化的设计需要在不影响整体风格的情况下，对图标的不同属性进行强调，丰富设计细节，使用户在使用时丰富视觉效果与触觉感受，让设计更加富有情感。

现在的界面图标设计整体虽然是扁平化趋势，但是在细节上有比较轻的拟物化营造，使界面具有自己的特色。（图6-46至图6-48）

图6-47 强调图标不同属性，丰富设计细节

图6-48 拟物化营造的细节设计

3.动效化

　　界面图标如果拥有恰到好处甚至令人惊喜的动画效果，则可以让屏幕中的虚拟世界变得生动，让操作变得有趣。动态效果可以通过闪烁发光、动画、音效配合等设计方式实现，使设计变得更加丰富，让用户在使用时达到信息的良好沟通与交流。

　　动态效果在不同的界面平台的设计方法中略有不同，这需要符合我们平时使用多媒体设备的经验习惯。动效化的设计要考虑到实现成本，在设计中要以功能为主，动画为辅，在先实现功能的基础上，再去添加动画，进而完善设计。（图6-49至图6-51）

图6-49 以功能为主导的手环界面图标设计

图6-50 以功能为主，动画为辅　图6-51 车载导航设备界面的动态效果设计
的手机界面设计

思考

1.界面图标的视觉识别方式有哪些?

2.信息图标设计有哪几种创意思路?

3.UI界面图标符号的构形方法是什么?

4.怎样塑造界面图标的质感?

实践

主题:手机界面图标设计

形式:手机界面图标创意设计

设计要求:

1.以"某某高校、某某旅游、某某美食"为界面主题,在手机界面区域内设计三组图标。

2.每个图标设计需与所选择的相关信息概念词意象相符,手机界面形式具有独特创意,整体风格统一。

设计指导(图6-52至图6-63):

通过手机界面形式,了解并掌握信息图标设计方法。学习者可以不受限制地自由发挥,既可以应用图标的符号构形,也可以用嬉戏的手绘方式传递图标的含义,通过探索,学生用各种能想到的形象和色彩来增进UI界面的图标功能。设计应符合受众的视觉流程,便于信息的沟通。根据主题的不同进行创意设计,整体风格统一,符合界面操作流程。

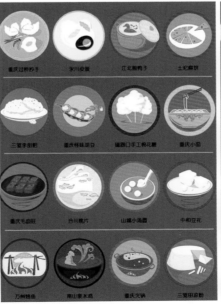

图6-52 学生界面图标设计案例 作者:席添瑞

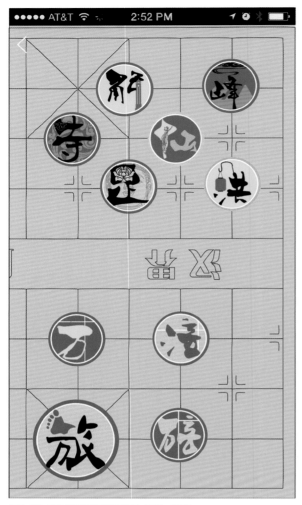
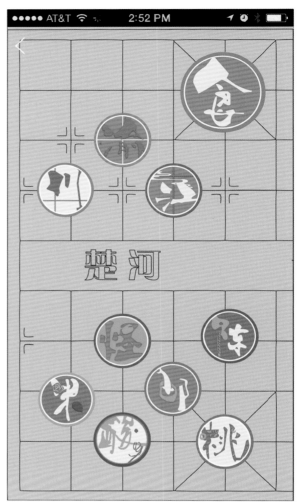

图6-53 学生界面图标设计案例 作者：程瑶

图6-54 学生界面图标设计案例 作者：李鑫

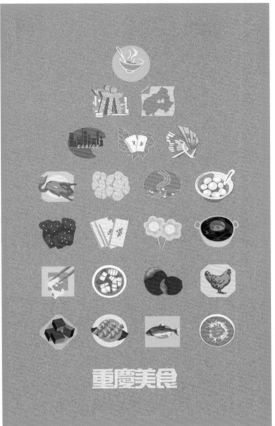

图6-55 学生界面图标设计系列案例 作者：司马茜

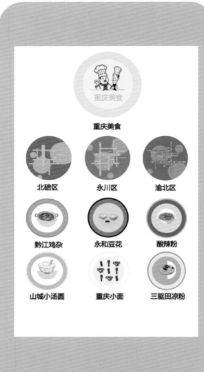

图6-56 学生界面图标设计系列案例 作者：龚媛钰

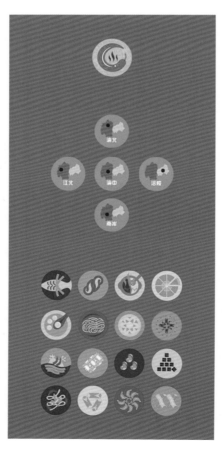
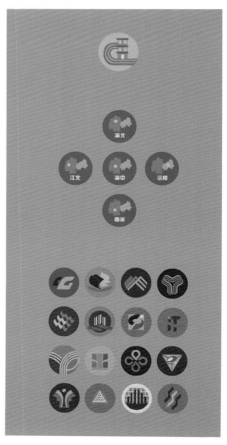

图6-57 学生界面图标设计系列案例 作者：张沁芬

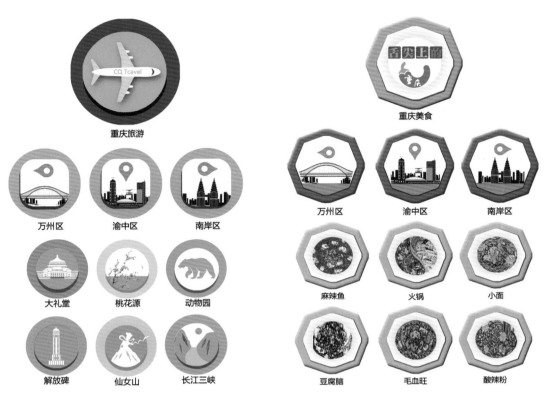

图6-58 学生界面图标设计案例 作者：魏熙

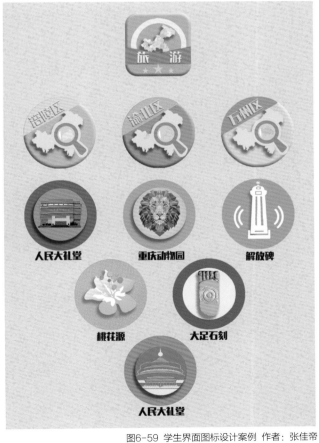

图6-59 学生界面图标设计案例 作者：张佳帝

UI INTERFACE ICON DESIGN／UI 界面图标设计

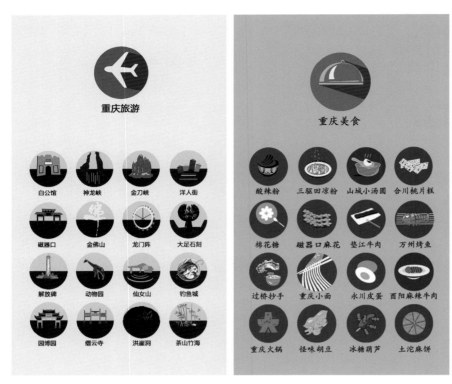

图6-60 学生界面图标设计系列案例 作者：吴静

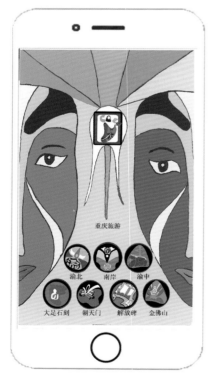

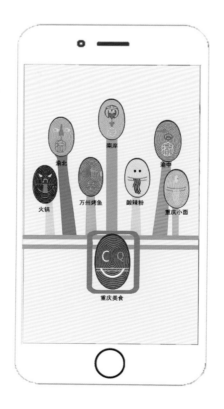

图6-61 学生界面图标设计案例 作者：谢娟

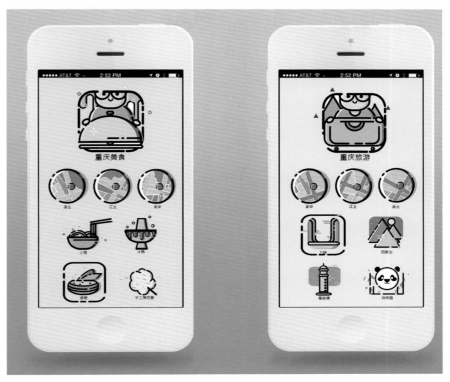

图6-62 学生界面图标设计案例 作者：许紫荆

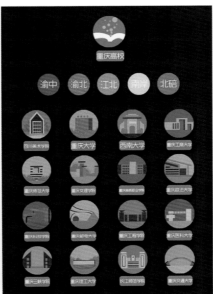

图6-63 学生界面图标设计系列案例 作者：韩小雨

多平台的UI界面图标设计

一、平台的特性

随着信息科技的进步和社会经济的发展，新兴数码产品的不断更新换代，UI界面图标设计所研究的平台领域也需要不断地更新调整。

1.平台的划分

UI界面图标不仅仅存在于某个界面平台，在不同的交互平台也有界面图标的设计。根据平台特性的不同，有移动和非移动界面平台的区别，移动平台主要指随身电子产品，如手机、平板电脑、笔记本电脑等；非移动界面平台主要有车载电子设备、空间交互设备、个人电脑平台等。我们在做界面图标时需要充分了解平台特性，以便设计出符合平台要求和用户使用习惯的界面图标。

2.各平台之间的联系与区别

主要的媒介平台中随身电子产品、车载电子设备、空间交互设备、个人电脑平台之间存在着联系与区别。它们之间都是人们获取所需要信息的硬件设备，在界面图标设计原理上有一定的相似性，尤其是一个电子软件产品作为一个品牌进行推广时，

图7-1 移动平台的笔记本电脑设备

图7-2 移动平台的平板电脑、手机等设备

在视觉形象上需要在各媒介平台上保持一致。但是，它们在使用环境、系统软件等方面又存在一定的区别，手机和平板电脑属于随身携带设备，在设计上要考虑到"移动"环境因素；车载电子设备是在驾驶时进行操作的，设计上应该注意简洁醒目；空间交互设备主要指室内外展示空间所使用的交互硬件设施，人们需要驻足浏览，设计上应考虑融入空间环境；个人电脑平台环境相对稳定，人们浏览时间较为充裕，在设计上应与移动设备的界面有所不同。随身电子产品在系统软件上也有区别，我们在设计时要知晓软件之间的差异，将用户的需求放在第一位。（图7-1、图7-2）

二、随身电子产品的UI界面图标设计应用

1. 随身电子产品的平台特点与类别

随着通信技术以及计算机技术的发展，随身电子产品成为我们日常生活中不可缺少的通信与交流工具和手段。随身电子产品的特点是可以随身携带，在任何环境下都方便人们使用。随身电子产品包括手机、平板电脑、智能手表等。而手机作为移动通讯代表的产品，近年来更新换代极为迅速，成为人们生活的必需品。智能手机更加成为电脑及移动式电脑的综合体，在界面图标设计中占主要份额。手机与平板电脑在环境上有一定差别，虽然二者都是移动型设备，但是平板电脑相较于手机，使用环境更加固定，可以让人们较长时间使用，而手机往往在移动的环境中使用。

目前，可穿戴设备也被大众越来越多地使用，可穿戴设备即直接穿戴在身上，或是整合到用户的衣服或配件上的一种便携式设备。可穿戴设备将会对我们的生活带来很大的转变，也是界面图标设计新的研究领域，有着很大的发展空间。

自从移动设备进入触摸屏时代以来，各种移动设备开始向着大屏幕发展，以此为用户提供良好的操作体验，硬件的设计也逐步简约化，使所有的操作都集中在屏幕上，移动设备之间的竞争由硬件上的竞争，逐步演化为操作系统之间的竞争。目前主流的操作系统有iOS，Android和Windows。

2. 随身电子产品UI界面图标的设计特点

根据不同的硬件设备，随身电子产品的UI界面图标也有自身的设计特点。手机操作系统的区别导致在界面图标设计时需要考虑到操作系统的特性和风格。

iOS是由苹果公司开发的移动操作系统，苹果公司最早于2007年的Macworld大会公布了这个系统，最初是设计给iPhone使用的，后来陆续套用到iPod touch，iPad以及Apple TV等产品上。iOS是一个非常稳定、成熟的平台，提供了统一的操作界面，最好的应用商店、最多的周边设备选择、最好的摄像头，都成全了苹果将所有事情变得更简单。另外苹果对系统版本的更新也是严格控制，无论是消费者还是企业用户，都能够第一时间体验到最新版本的系统。而iOS的缺点是价格过高、过于封闭、缺乏可定制性。

Android系统是迄今为止功能最全面的平台，再加上三星等厂商的支持，消费者拥有更多不同价位的产品选择和更自由的发挥空间及定制选项，可以根据自己的喜好打造一部完美的智能手机。Android最大的优势也带来了最大的负面影响，那就是系统碎片化的问题。旗舰机型与入门机型的使用体验差距过大，也造成了许多用户对Android印象不佳的后果。

Windows系统问世的时间最短，缺乏高质量应用的问题也是此平台最大的软肋。不过在易用性上，Windows一点都不输给iOS和Android。微软强大的云服务以及广受欢迎的Office工具吸引了许多企业用户。

虽然三大系统现在的界面结构基本相同，比如下拉激活通知中心、应用Dock和图标等，但是在界面的多样性上，Android还是有一定优势。手机操作系统更新很快，我们在设计时要及时了解操作系统更新信息，以便做出符合时代需求的设计。

总体来讲，由于手机是移动便携式产品，其体积相对较小，显示区域也较小，尽管目前智能手机越来越趋向大屏幕化，但始终要符合便于携带的特点，同时手机具有

复杂的展示效果，因此界面图标设计应该简洁明晰；操作主要依赖手指，所以交互过程不能设计得太复杂，交互层次不能太多；还要考虑选择通用的图形图像、声音、动画等，让用户能更好地体验手机世界；根据不同的操作系统设计符合系统风格的信息图标，同时，手机操作系统一些设计元素会越来越通用。

（图7-3至图7-5）

图7-3 通用性系统风格的信息图标

图7-4 通用性拟物化的信息图标

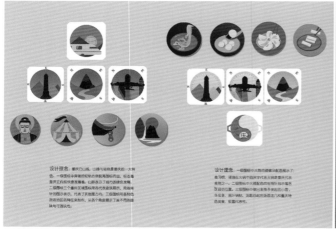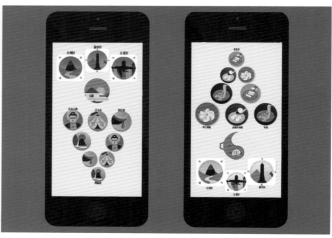

图7-5 手机界面图标学生设计案例 作者：张梦蝶

平板电脑在使用环境上比手机更加固定，因此在界面图标设计上可以更加丰富，颜色处理上需要突出信息标识，也可加入动态效果来表现设计的独特性。智能手表是较为新型的移动电子设备，其特点是显示屏幕不大，一般是在运动中使用，在图标设计上可以采用光效化的简洁设计，以便用户在使用过程中更加准确地获取信息。（图7-6至图7-9）

图7-6 加入动态效果表现游戏特征的平板电脑中的信息图标

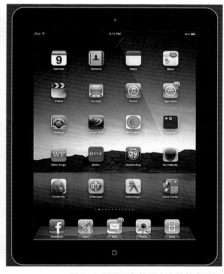

图7-7 利用配色处理突出的信息图标

图7-8 手机上采用光效化的信息图标

图7-9 智能手表上采用光效化简洁设计的信息图标

三、车载电子设备的UI界面图标设计应用

1.车载电子设备的平台特点

车载电子设备涵盖的内容较广，包含行车的导航系统、电瓶、点火系统、音响、倒车雷达、通信设备等。车载电子设备主要是用户在行车中进行使用，使用环境和目的与其他平台不大相同，由司机与副驾驶人员进行操作，要做好功能区分。

2.车载电子设备UI界面图标的设计规范

车载电子设备的界面图标设计要受到屏幕尺寸大小、交互方式的限制，同时还需要重点考虑行车情况下的安全性，保证识别、操作的便利。因此，信息图标在设计时需要考虑使用环境的特点，强调标识的简洁易读；图标大小要符合行进中容易找寻的原则；颜色设计上要符合整体车型的风格，强调科技感，用光效效果来提示白天与夜晚的标识色彩区别；突出品牌标识，营造轻松愉悦的驾驶氛围。（图7-10至图7-14）

图7-10 车载电子设备的界面图标应强调简洁易读

图7-11 车载电子设备的界面图标大小要符合行进中容易找寻的原则

图7-12 车载电子设备用光效效果提示白昼的图标色彩区别

图7-13 车载电子设备的界面色彩设计要符合整体车型的风格

图7-14 强调科技感，突出品牌标识

图7-15 空间交互设备的UI界面图标设计，要求具有趣味性

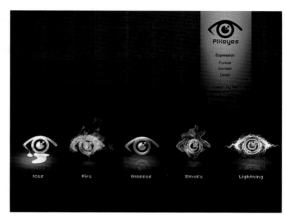

图7-16 图标设计应体现系列感

四、空间交互设备的UI界面图标设计应用

1. 空间交互设备的平台特点

这里的空间交互设备指的是室内外空间用于人们获取信息或完成某个目的所需要的交互设备，例如，博物馆的信息交互设备、自动贩售设备、银行自助设备等。由于现代生活需求的便利化，出现了许多自助设备，人们不需要询问他人就可以轻松获取某些自己所需要的东西。在博物馆，我们通过信息交互设备可以获取所需的展品信息；通过自助贩售设备，我们可以购买车票、电影票、食品等；我们通过银行自助设备不需要在银行排队办理业务，而只需要通过自助设备即可完成自己所需要的交易。空间交互设备界面要求极为准确地进行信息传达，通过界面可以快速、直接地寻找信息或完成交易。在今后，空间交互设备将会越来越频繁地被人们使用。空间交互设备的界面设计在一定程度上有着公共美育的作用，这需要设计师具有责任感地引导与创新。

图7-17 交互设备应提供准确的信息指引

2. 空间交互设备UI界面图标设计的特点

空间交互设备的UI界面图标设计需要符合整体设备的风格；在用户使用过程中要提供准确的信息指引，图标设计要简洁明了，不能产生误导；图标的设计还应体现系列感，营造整体形象的氛围；在设计中可以增加趣味性，让用户的交互体验变得更加有趣。随着科技的发展，空间交互设备的形式也变得多种多样，在设计中需要引起重视。（图7-15至图7-19）

图7-18 交互设备应使用户的交互体验更为有趣

图7-19 空间交互设备的形式多样，应用广泛

五、个人电脑平台的UI界面图标设计应用

1.个人电脑平台的特点

个人电脑平台指的是个人使用的计算机设备，有台式机、一体机、笔记本等，由硬件系统和软件系统组成。虽然人们使用计算机的方式越来越趋向于便捷化，手机、平板电脑已经能完成平时获取信息的基本需求，但个人电脑在工作、生活中仍使用频繁，人们往往在较为固定的时间和稳定的环境中使用，进行浏览网页、应用软件、游戏娱乐等操作。

2.个人电脑平台UI界面图标的设计原则

个人电脑平台的UI界面图标设计包括系统软件的图标设计、应用软件的图标设计、网页界面的图标设计、网络游戏界面的图标设计等，涵盖范围较广。设计中需要根据不同的内容进行区别对待。

系统软件的图标设计主要有Windons和MAC系统。近些年Windons系统的图标设计越来越趋向于扁平化的设计，去掉所有的装饰，显得简洁醒目；MAC系统使用独立的MAC OS系统，最新的OS X系列基于NeXT系统开发，不支持兼容，是一套完备而独立的操作系统，界面图标形象更趋向于拟物化的设计。

应用软件的图标由各软件开发商进行设计，每款软件都应符合自己的内容风格，在获取信息的同时也要达到审美的需求。（图7-20、图7-21）

图7-20 Window系统界面图标

图7-21 苹果系统界面图标

网页界面图标设计，图标设计需要符合整体网页的界面形象。图标是网页界面中的点睛之笔，好的图标设计可以让用户有进一步浏览的欲望。网页界面的信息图标经常通过搭配文字使用，因为人们相对有进行阅读文字的时间。网页界面中信息较为复杂，图标需要与图片、文字等视觉元素进行整体构图，画面构成感十分重要，各元素要引导用户的视觉流程，帮助信息更加及时有效地传递。图标在颜色的处理上也可采用对比色，或页面中存在的某种特殊色，并且颜色会随着指针的移动进行动态变化，以达到醒目的整体效果。用户在使用个人电脑进行网页浏览时由于时间较为固定、屏幕比手机较大，因此图标可以设计得更加丰富有趣。（图7-22至图7-27）

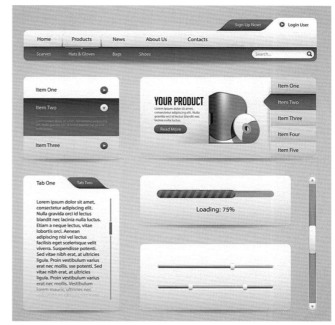

图7-22 网页界面的图标设计需符合整体界面的风格形象

图7-23 界面图标需与图片、文字等视觉元素进行整体构图

图7-24 界面图标色彩采取专色强调与呼应方式，以传递特定的信息

图7-25 采取统一色块的呼应方式，形成界面的整体感

图7-26 采用对比色处理的界面图标设计　　　　图7-27 统一色调变化的界面图标设计

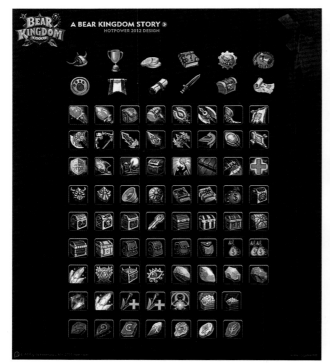

图7-29 简洁明确的游戏界面图标设计

图7-28 以图标外形形态与大小排序的游戏界面图标设计　　图7-30 游戏界面图标应整合好空间大小和位置

　　游戏界面图标设计为游戏体验服务，如果图标形式过于复杂或过分修饰的话，会干扰用户的注意力。所以游戏界面图标应简洁、明确，形象易懂、操作简单，具有较强的易懂性和易用性，往往使用较为具象化或卡通化的形象出现，同时应考虑好所占空间大小和位置。游戏界面的图标色彩及质感应该和游戏整体风格相协调，动画效果与游戏场景形式相统一。（图7-28至图7-30）

思考

1. UI界面各平台应如何划分？

2. 随身电子产品UI界面图标有哪些设计特点？

3. 车载电子设备UI界面图标的设计规范是什么？

4. 空间交互设备UI界面图标设计的特点体现在哪些方面？

5. 个人电脑平台UI界面图标有哪些设计原则？

实践

主题：多平台UI界面图标设计

形式：多平台UI界面图标创意设计

设计要求：

1. 自选主题及界面平台，完成一组UI界面图标设计。

2. 对图标分级归类，针对平台特征进行设计，整体风格符合主题及界面操作要求。

设计指导（图7-31至图7-38）：

多平台UI界面图标设计目的是练习以简洁的符号形态和富有意象的色彩表达，来强化图标的信息含义。符号构形与色彩是有意义的语言，这与文字完全相同，文字通过语法的组合可以变成文章。符号的形色也有自己的构成语法，而视觉传达的信息是由形色构成的意象决定的。如图标的诱导性、视认性、识别性、错视与联想等，可以传递如新奇、现实、功能以及宏观、梦想等抽象的概念信息，这是不断练习的重点所在。

主题延伸：

题目一：设计三个信息图标

描述：请从商城、仓库、背包、技能、消息中选择三个信息来设计。

要求：图标准确传达所要表达的意思；设计风格没有限制，但三个图标需保持风格统一。（可附简单设计说明）

时间：请在一小时内完成。

题目二：设计一个界面

描述：请自定义主题，设计一个界面。界面的标题文字作为主题即可。（例如，新春大狂欢、万圣夜惊魂等）

要求：对标题文字进行一定设计，整个界面能清晰地体现出主题内容；可添加一些与主题相关的装饰烘托主题。（可附简单设计说明）

时间：请在一个半小时内完成。

题目三：设计游戏UI界面图标

描述：请设计一套游戏界面信息图标，游戏风格自定。

要求：图标需准确表现游戏界面所要传递的信息，图标风格要与游戏整体风格一致，可拓宽思路，抽象、意向、具象的视觉设计形象均可。（可附简单设计说明）

时间：请在三小时内完成。

题目四：设计系统软件信息图标

描述：请设计一个手机系统软件的应用图标。图标信息为电话、信息、图片、设置、游戏、音乐、日历、计算器、地图、时钟。

要求：图标设计切合信息含义，符合系统软件设计要求，能传达整体系列化的视觉形象。（可附简单设计说明）

时间：请在四小时内完成。

题目五：设计应用软件信息图标

描述：请自选品牌，设计一个购物软件信息图标，包括软件图标及界面信息图标。

要求：突出品牌形象，符合品牌创意需求，需要考虑在不同媒介平台的设计区别与侧重点。（可附简单设计说明）

时间：请在四小时内完成。

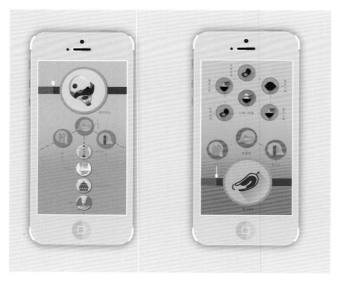

图7-31 学生手机界面图标设计案例 作者：刘梦婷

图7-32 学生手机界面图标设计案例 作者：王星然

图7-33 学生界面图标设计案例 作者：刘梦婷

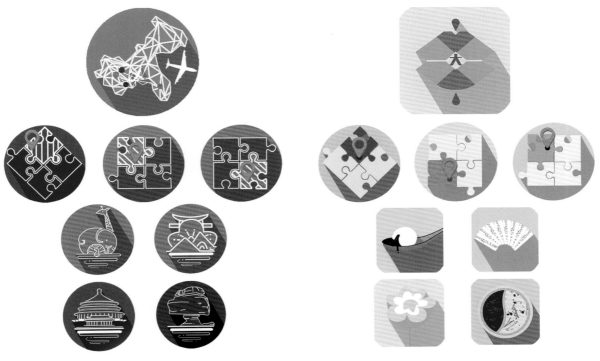

图7-34 学生手机界面图标设计案例 作者：王星然

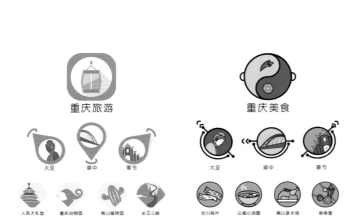

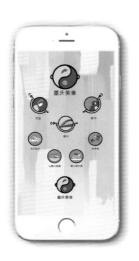

图7-35 学生手机界面图标设计案例 作者：陈智佳

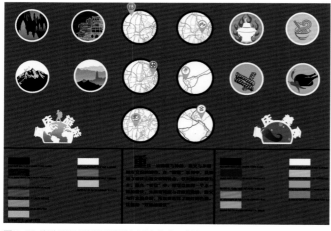

图7-36 学生手机界面图标设计案例 作者：杜杨

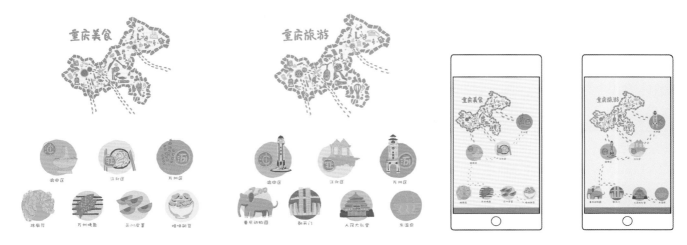

图7-37 学生手机界面图标设计案例 作者：周敦颐

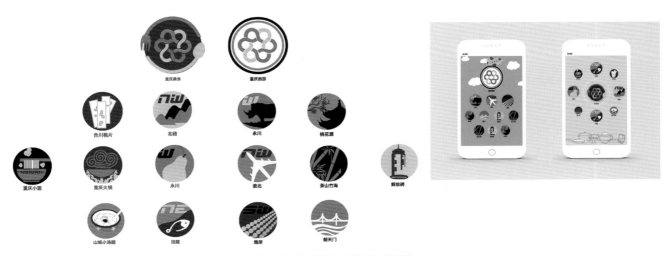

重庆拥有集山、水、林、泉、瀑、峡、洞等为一体自然景色，又拥有熔巴渝文化、民族文化、移民文化、三峡文化、陪都文化、都市文化于一炉的文化景观。自然风光尤以长江三峡闻名于世。

重庆火锅植根于民间，属于八大菜系中的川菜，从一种菜系为基础，师承多家，不拘常法地重复烹饪、复合调味、中菜西做、老菜新做、北料南烹，看似无心，实乃妙手天成，从而收到出奇制胜的效果。

图7-38 学生手机界面图标设计案例 作者：陈芋含

一、UI界面图标设计的市场化应用

UI界面图标设计的市场化应用，需要设计者明确用户的需求，体现出情感化的交互体验，以更加快捷地传达信息。品牌化设计将界面图标为企业形象的识别注入活力，使设计产生品牌化效应。

1.情感化交互体验

在界面图标设计之初，我们必须明确几点：用户的动机和意图是什么？他们希望使用的图标和应用姿态是什么？用户与产品怎样才能在最后达成一次有意义的对话？需要了解目标用户群的心态，进行有针对性的策划与构思。

在全新的体验经济时代，用户希望在使用任意一款产品的过程中都能感受到关爱和乐趣，且更加倾向于产品的设计感、交互感、娱乐感和意义感，正是因为用户对产品不断有新的期望，才促使了设计师不断地进行创新和反思。这

就要求界面图标设计在实现基本功能的基础上，把情感化交互设计作为一个重要的参考及构思因素，强调从感性角度去理解界面图标设计对人的情感影响，关注人与信息、人与人、人与服务之间的情感交流。

在了解用户的基础上，还需要在很多设计细节上体现情感化交互体验。人们在熟悉使用一种媒介平台后，往往会期望在相同的区域位置找到共有的信息符号，这就需要在设计时了解平台特征，设计出符合用户习惯的图标。较好的分级和分类可以减少用户获取信息的时

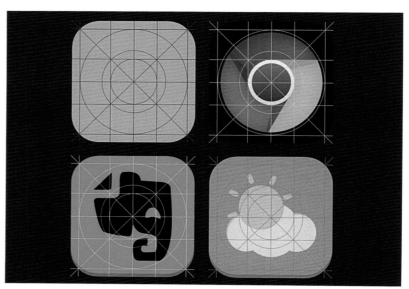

图8-1 界面图标的细节设计

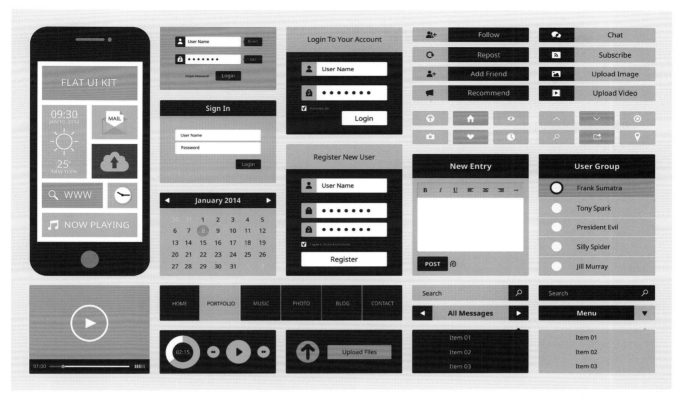

图8-2 界面图标设计的扁平化配色

间，快速浏览到其所需要的内容。流行趋势也是我们在设计中不得不考虑的问题。目前，图标设计的风格趋向扁平化、卡片化，简约的设计更符合人们对于界面图标的审美取向，而拟物化的设计也会让用户在体验过程中感受到更加有质感的形象，符合人们的情感化交流和互动。设计完成之后，用户可用性测试是至关重要的，优秀的设计是在设计中浸入情感，减轻记忆负担，使信息沟通变得轻松愉快。情感化交互设计提高了用户体验，最终目标是从用户出发，设计出的信息图标让用户沟通交流起来更加方便快捷。（图8-1至图8-3）

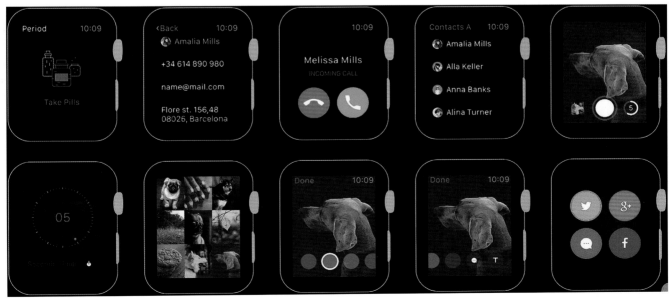

图8-3 方便快捷的界面图标设计

2.品牌化设计

界面图标在市场化应用中往往需要品牌化的设计。界面图标品牌化是指在视觉上表现出品牌的个性，它能够赋予界面视觉系统一种品牌所具有的感召力，其根本是创造差别使自己与众不同。品牌是一种无形的识别器，好的界面图标不仅能够给用户轻松驾驭产品的成就感，而且能够形成用户对品牌更为深刻的印象，加深对品牌的认知，提高对品牌的依赖度，使品牌更加真实化，更有利于宣传企业的品牌形象。品牌化的界面图标设计需要适时地不断升级更新，符合产品的理念和气质，不断完善个性化、系列化的设计，可加强品牌的可认知度。（图8-4至图8-6）

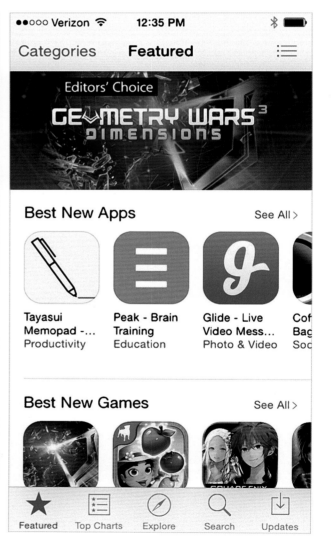

图8-4 品牌化界面图标设计

图8-5 Zocdoc品牌的界面视觉设计

图8-6 Sunshine品牌的界面图标设计

二、APP界面图标设计

随着智能手机和iPad等移动终端设备的普及，人们已经习惯了使用应用客户端上网的方式，APP是我们使用手机等获取信息时必不可少的应用程序，是实现人机交互的第一个入口。APP界面图标设计的成败直接关系着相应的应用程序是否能得到较好的传播和推广，在我们使用的UI界面图标设计平台中有着广阔的发展前景。

1．APP界面图标设计原理

在设计APP界面图标设计时，我们需要了解其设计原理，从而更好地把握具体的设计方法。

（1）品牌的整体塑造

在APP界面图标设计中，我们需要将品牌基于可视化，提取出一个或者多个品牌视觉符号传达给用户，让用户对APP留下较深印象。设计师要从品牌设计的角度去理解，寻找产品独特的品牌气质，把品牌元素具象化，融入界面图标设计中。

品牌的塑造首先需要了解目标客户群，而不是盲目的设计。通过品牌形象的整体策划，针对受众用户进行设计，并突显品牌气质，区别于同类产品，提高品牌的识别度，也便于浏览者快速识别。对于APP图标，出现的频率越高代表人们对其就愈熟悉，经验也就愈多，对其的认知度也就愈强。因此我们在进行APP界面图标设计时，需要将代表性元素做高频性设计。整体的系列化图标设计对品牌的整体塑造无疑也具有相当大的作用。（图8-7）

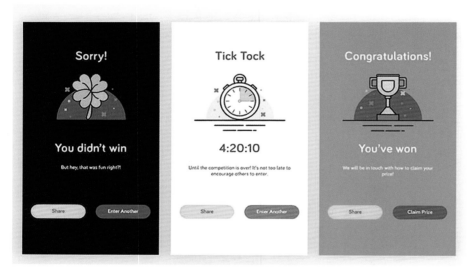

图8-7 系列化APP界面图标设计

（2）准确的表意

准确的表意可以让用户看到应用图标就知道它是干什么的，可准确而快捷地传递信息，APP界面图标设计的表意可通过图标风格和气质的表现来实现。每个APP都应该有自己独特的产品气质，比如金融商务工具类的应用应该严谨的，让人觉得这是一个值得信赖的工具；而社交类、图形游戏类的应用就应该给人轻松愉悦的感觉等。这种气质应该融入APP界面图标设计之中，突出重点，从而准确地表达所要传递信息的含义。（图8-8）

图8-8 地图APP界面图标设计

（3）独特的图形

APP界面图标种类样式繁多，想要在其中脱颖而出就需要我们精心设计，使它既要表达应用的功能性，又要有自己的独特性。在设计过程中我们既要把握应用的专业共性，又要体现该应用的个性特点，这样用户才能从众多图标中快速获取信息。（图8-9）

（4）舒适的色彩

在APP界面图标设计中应用舒适的颜色可体现较好的效果，但不要过度使用色彩，仅在需要引导用户进行操作的地方才使用色彩，可让重要区域更加醒目。色彩同样可以丰富APP界面图标的质感，让界面层次变得更加丰富。我们需要根据相应的产品气质和对应的用户群，去选择合适的颜色。设计师在生活中应该多留意生活中的各种颜色，以及了解用户的色彩欣赏习惯和审美心理。（图8-10）

图8-9 APP界面图标的功能性与独特性

图8-10 应用适度色彩的拟物化APP界面图标设计

2. APP界面图标设计方法

为迎合和引导用户，APP界面图标设计需遵循一些规则，如品牌的图标在所有页面可处于同一位置；一级图标、二级图标、三级图标按先后次序合理显示；所有的重要图标都要在主页显示并出现在容易找到的地方。为了让用户顺畅地使用界面信息图标，在用户进行某一个操作流程时，应避免出现用户目标流程之外的内容而打断用户。

APP界面图标设计最终表现在其视觉元素设计上，通过图形、色彩等视觉元素的设计，让APP产品突显出其独特的品牌气质。图标静态与动态的处理，也可以使用户产生良好的交互体验。

（1）图形的构成

图形是APP界面图标的主要视觉元素之一，图标图形的设计尤为重要。图形需要准确地表意，恰当地传达信息，同时在视觉要求上需要达到点、线、面的和谐处理。

APP界面图标设计的图形不论是抽象的还是具象的，都可以看作点、线、面的构成。图标有剪影和线性风格，剪影图标通过面来塑造，线性图标通过线来塑造图形的轮廓，线有时也是一种面，只不过线是比较细的面。APP的图标尺寸不应过大，线不应过于复杂，在小面积中过多的线会对识别性产生较大的困扰。图标设计中使用的线应有粗细之分，线条的粗细可以带来不一样的视觉效果，粗线视觉面积大，显得厚重敦实，细线显得精致。图标的线或面转折的地方采用直角或圆角的风格，直角显得更加硬朗，充满了力量感；圆角显得风格温润尔雅，如果圆角非常大，会使图标偏卡通感。APP界面图标的布局也会给APP整体界面版式营造点、线、面的构成感，引导用户的视觉流程。（图8-11、图8-12）

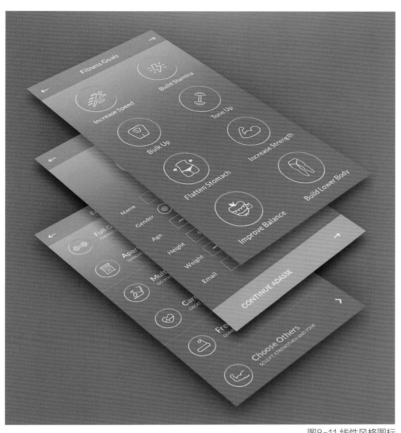

图8-11 线性风格图标

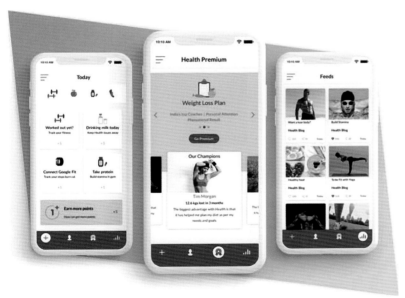

图8-12 点与面风格的手机界面图标

（2）色彩的层次感

色彩在APP界面图标设计中有着重要的识别作用，可丰富界面的层次感。目前较为常见的是简洁的扁平化配色，符合用户对信息方便快捷的使用要求。但常见的扁平化配色难免有时会显得单调，为了避免极端的扁平主义，渐变色的运用有回暖之势。而新的渐变不同以往，它往往是以更为低调的姿态出现，不再喧宾夺主。如弥散阴影，是一种色彩阴影设计技巧，是一种极其微弱的投影，不易被人们立刻察觉，起点缀的作用，使整个界面变得更精致，可增加图形元素的深度，使其从背景中脱颖而出，引起用户的注意。但在使用这个效果时需要注意，要让它保持柔和感和隐蔽性。

APP界面图标色彩的设计不管运用哪种配色方式，其原则都需要遵循品牌的整体形象。每个APP应用都应该有自己独特的品牌色，界面图标设计可直接提取品牌形象色和辅助色作为图标设计视觉元素，以强化品牌的识别性。（图8-13至图8-16）

图8-13 具有扁平化色彩风格的界面图标

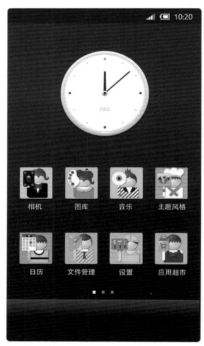
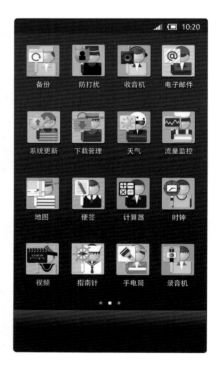

图8-14 具有统一风格的扁平化界面图标

图8-15 渐变色彩的界面图标

图8-16 具有统一质感的界面图标

（3）动画效果的处理

APP界面图标往往在扁平化设计中加入了越来越多
的动画效果，使其更加生动、活泼。好的动画效果能带领
用户了解产品的层次，更快地了解产品并上手。APP界面
图标的动画效果设计需符合APP产品的品牌特点与气质，
目的是让APP的使用过程更加有趣，信息传递更加准确。
（图8-17、图8-18）

图8-17 动画效果的手机APP界面图标设计

图8-18 APP界面图标的动画效果需符合品牌特点与气质

三、技术革新与界面图标设计发展趋势

技术的革新在当今网络化社会中极为迅速，我们在不断追求新技术发展的同时，还需要了解主流媒介的界面图标规范，从用户的角度出发，使信息图标的设计符合信息传达的目的。

1.新媒介界面图标设计的发展

信息技术的革新归功于科技的进步，新技术的产生使新媒介不断出现，迅捷性、时效性是新媒介的特征。我们在工作、生活、娱乐等方面都需要不断地接收和反馈信息，因此，用户需要具有视觉、触觉、听觉等多方位高度享受的新媒体技术，进而产生更加便捷的动态化交互方式。

科技的进步使界面图标设计在表现上具有更大的空间和可能性。从空间上新媒体艺术摆脱了二维空间的束缚，扩展到了三维、四维空间，而且伴随技术的发展这个空间的广度还在不断增大。不管技术的革新会带来怎样的影响，人本设计的理念仍是根本，新媒介的出现也是为了更好、更方便地让用户进行信息的沟通与交流。界面设计在新形势下涉及的平台越来越广泛，高科技技术也在不断更新，用户群也越来越广，界面图标需要适合多个国家和地区的使用，所以设计本身也要考虑到多种

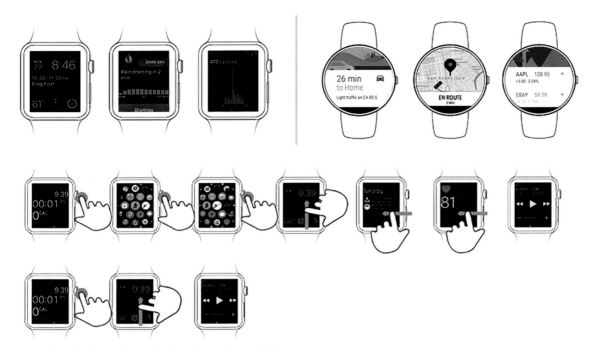

图8-19 界面图标设计需要科技支撑，以使用户有新颖的审美体验

文化的差异、理解方式不同的问题，全球化、跨地区是设计发展的趋势。界面图标设计不管是哪种设计风格，设计的目的都在于是否对设备合适，在流行趋势下所做的设计是不是用户真正需要，并不只是简单地追求视觉形式。界面图标设计需要在最短的时间内有效地展示出用户所需要的功能，保证良好的界面信息结构，以及屏与屏之间清晰的逻辑关系，让用户容易上手，对目标的查找一目了然，以达到良好的用户体验。科技与艺术交融的时代，使技术革新对界面图标设计的影响是巨大的，图标的视觉表现方式需要技术的支撑，以便给用户带来更加新颖的审美体验。（图8-19）

2.主流媒介的界面图标规范

新技术的更新需要界面图标设计者不断了解各界面平台的图标设计规范，各平台操作媒介的软硬件更新速度都较快，在此以Android图标规范为例：Android图标规范信息图包含了安卓程序启动图标、安卓底部菜单图标、安卓弹出对话框顶部图标、安卓长列表内部列表项图标、安卓底部或顶部tab标签图标和安卓底部状态栏图标。（图8-20至图8-22）

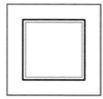   

图8-20 安卓底部的菜单图标

图8-21 安卓底部或顶部tab标签图标

对话框顶部图标

安卓程序启动图标

底部菜单图标

安卓底部状态栏图标

安卓底部或顶部 tab 标签图标

安卓长列表内部项图标

安卓底部或顶部 tab 标签图标

图8-22 安卓底部状态栏图标各式屏规范

3.界面信息图标设计发展趋势

世界正以前所未有的速度变化着，设计师应该思考未来将是如何的，以及人们将如何在未来生活，这是设计师的重要使命。科技在发展，人们赖以解决问题的技术也在改变，机器学习、数据、人工智能等技术变得越来越重要。为了贴近生活，设计师必须尽可能站在技术与社会结合的前沿。

（1）未来式设计

未来式设计以对未来的畅想及引领生活方式的设计吸引着大众的注意力，界面信息图标设计师要在不断掌握前沿科技动态的基础上，对各平台的产品更新做出及时了解，设计出更加符合人们使用方式的产品。（图8-23）

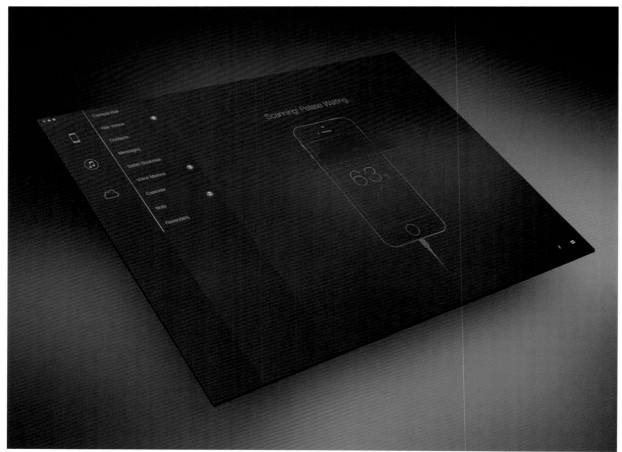

图8-23 未来式设计的目的是更加符合人们的使用方式

（2）最小化设计

最小化设计是对过度设计的反击，越来越受到人们的关注。当媒体和科技的结合不断加速，并且渗透到我们的日常生活中，人们每天需要接受和被接受各式各样的信息，这让人们更容易对那些简洁、真诚的设计所打动。最小化的界面图标设计可以帮助我们远离混乱的局面，打造出更加平滑自然的人机互动流程，简洁的最小化设计是移除界面图标中不必要的元素或内容，减少干扰，使界面最大限度的支持用户的任务流程，但不可为了最小化而最小化，这样对设计产品和用户都无益。（图8-24）

图8-24 简洁的最小化设计是移除不必要的元素，减少干扰

（3）视觉深度设计

　　营造视觉深度可丰富UI界面图标设计的视觉效果。扁平化的设计虽然有简洁之感，但有时会缺乏细腻的情感沟通，而通过对视觉深度的增强，可以丰富界面的整体层次，视觉效果变得更具深度和更加立体，让信息通过丰富的界面图标设计准确地传达出来。UI界面图标的视觉深度营造可通过投影、渐变、透明、光炫、3D效果等方式来实现。（图8-25至图8-27）

图8-25 通过投影、渐变、透明效果等方式来实现的界面图标

图8-26 通过光炫、透明等效果来实现的界面图标

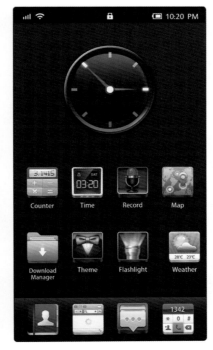

图8-27 通过3D光炫效果来实现的界面图标

（4）响应式动态设计

响应式动态设计今后会更广泛地应用于UI界面图标设计中。随着互联网的进一步普及，人们可随时随地享受互联网，而不再受环境及硬件设施等限制。因此，响应式动态设计是UI界面图标设计的重要方向，它不仅是平面的，而且是生动有趣的，可让人们在使用图标时以更为丰富的体验过程来传递和接收信息。（图8-28至8-30）

需要注意的是，设计风格的流行并不代表它适用于任何类型的UI界面图标设计及其目标用户，无论如何，我们都需要避免非此即彼的思维模式，真正去了解每种设计思想及趋势的特性，根据设计的实际情况寻求恰当的平衡点，以设计出更加符合大众需求的UI界面图标。

图8-28 响应式动态设计的手机界面图标

图8-29 动态手机界面图标

图8-30 手表的响应式动态界面图标设计

思考

1. 情感化交互体验在界面图标设计上是如何体现的?

2. 怎样通过界面图标的设计塑造品牌化形象?

3. APP界面图标设计的原理有哪些?

4. 未来界面信息图标的发展趋势是什么?

实践

主题：品牌化界面图标设计

形式：品牌化界面图标创意设计

设计要求：

1.完成一组UI界面图标设计，体现品牌化特征。

2.对信息图标分级归类，针对平台特征进行设计，整体形象符合品牌设计诉求。

设计指导：

品牌化的界面图标设计应体现在企业文化理念的视觉塑造，用户通过图标的图形符号构成、颜色情感传递等形象加深对品牌文化的理解，通过图标的交互式体验及新媒介的使用，对品牌产生好感，方便快捷地寻找需要的信息。界面图标设计中情感化的交互设计，个性化、统一化的视觉形象是设计需要关注的重点。（图8-31、图8-32）

图8-31 界面图标的图形符号构成参考案例　　图8-32 界面图标的色彩情感传递参考案例

后记

网络时代的变化造就了信息传播媒介的转变，人们不断地从新媒介中阅读、获取、反馈信息，UI界面图标设计已然成为设计界的重要关注领域。UI界面图标是UI界面设计的重要组成部分，是传递信息的视觉符号，其中"图"包括最基本的符号与底图的形态；"标"是标示、标准，即特定信息的视觉符号。如何将信息通过UI界面图标准确地传达给用户，以便更进一步地产生交互行为是本书研究的重点。本书所选用的教学案例均是学生作业。

UI界面图标设计涉及多个相关专业学科知识，需要将视觉传达设计、多媒体设计、传播学、计算机科学等知识进行相互渗透与融合，如此一来，实非易事。书中难免有偏颇之处，还请各位老师、同行、同学批评、指正。平台媒介的不断更新使研究尚未结束，还需在实践中不断努力。

在此，对帮助此书出版的领导、朋友深表感谢！

参考文献及网址

1. 辛华泉．形态构成学[M]．杭州：中国美术学院出版社，1999.

2. 搜狐新闻客户端UED团队．设计之下——搜狐新闻客户端的用户体验设计[M]．北京：电子工业出版社，2014.

3. 赵璐，史金玉．UI点击愉悦——情感体验介入的界面编辑设计[M]．北京：人民美术出版社，2015.

4. 许平，周博．设计真言[M]．南京：江苏美术出版社，2010.

5. 董建明，傅利民，沙尔文迪．人机交互：以用户为中心的设计和评估[M]．北京：清华大学出版社，2007.

6. 俞剑红，韩彪．新媒体——主宰我世代[M]．北京：中国电影出版社，2012.

7. UCDChina．UCD火花集[M]．北京：人民邮电出版社，2009.

8. 原研哉．为什么设计[M]．朱锷，译．济南：山东人民出版社，2010.

9. Theresa Neil．移动应用UI设计模式[M]．王军锋，译．北京：人民邮电出版社，2013.

10. Jon Kolko．交互设计沉思录[M]．方舟，译．北京：机械工业出版社，2012.

11. Jeff Johnson．认知与设计：理解UI设计准则[M]．张一宁，译．北京：人民邮电出版社，2014.

12. 文森特·莫斯可．数字化崇拜[M]．黄典林，译．北京：北京大学出版社，2010.

13. 加瑞特．用户体验的要素[M]．范晓燕，译．北京：机械工业出版社，2008.

14. 乔什·克拉克．触动人心：设计优秀的iPhone应用[M]．北京：电子工业出版社，2011.

15. www.25xt.com

16. www.arting365.com

17. www.cndesign.com

ART & DESIGN SERIES

图书在版编目（CIP）数据

UI 界面图标设计 / 刘扬，谢丽娟编著 . — 重庆 ：
西南师范大学出版社，2018.8（2021.8 重印）
ISBN 978-7-5621-9346-3

Ⅰ．① U… Ⅱ．①刘… ②谢… Ⅲ．①人机界面-程序
设计 Ⅳ．① TP311.1

中国版本图书馆 CIP 数据核字 (2018) 第 194667 号

新世纪版／设计家丛书
UI 界面图标设计　　刘扬 谢丽娟 编著
UI JIEMIAN TUBIAO SHEJI
责任编辑：袁理
整体设计：汪泓　王正端
排　　版：黄金红
印　　刷：重庆康豪彩印有限公司
出版发行：西南师范大学出版社
　　　　地　　址：重庆市北碚区天生路 2 号　　　邮政编码：400715
　　　　本社网址：http：//www.xscbs.com　　　电　话：(023)68860895
　　　　网上书店：http：//xnsfdxcbs.tmall.com　　传　真：(023)68208984
经　　销：新华书店
幅面尺寸：210mm×285mm
印　　张：7.25
字　　数：230 千字
版　　次：2019 年 4 月第 1 版
印　　次：2021 年 8 月第 2 次印刷
书　　号：ISBN 978-7-5621-9346-3
定　　价：58.00 元

本书如有印装质量问题，请与我社读者服务部联系更换。读者服务部电话：(023)68252507
市场营销部电话:(023)68868624 68253705

西南师范大学出版社美术分社欢迎赐稿。
美术分社电话：(023) 68254657 68254107